信阳园林植物

主　编　余亚平　余泽龙　邱　林
副主编　王法海　余亚军　杨胜辉　陈　锋

黄河水利出版社
·郑州·

内 容 提 要

为更好地开展林木种质资源保护与利用,2016~2019 年信阳市林业部门在上级业务部门指导下开展了全市林木种质资源普查工作,通过普查,基本摸清了信阳市林木种质资源的种类、分布。本书根据信阳市林木种质资源普查成果,共编列常见园林木本植物 77 科 374 个种及变种,树种图片 374 张,重点介绍了识别要点、生态习性、美学价值及景观应用,可为苗木花卉生产和园林绿化提供参考。

本书可供园林工作者、高等院校相关专业师生以及广大植物爱好者学习参考。

图书在版编目(CIP)数据

信阳园林植物/余亚平,余泽龙,邱林主编. —郑州:
黄河水利出版社,2021.9
ISBN 978 - 7 - 5509 - 3095 - 7

Ⅰ.①信… Ⅱ.①余… ②余… ③邱… Ⅲ.①园林
植物 - 介绍 - 信阳 Ⅳ.①S68

中国版本图书馆 CIP 数据核字(2021)第 189318 号

组稿编辑:王路平 电话:0371-66022212 E-mail:hhslwlp@126.com
韩莹莹 66025553 hhslhyy@163.com

出 版 社:黄河水利出版社 网址:www.yrcp.com
地址:河南省郑州市顺河路黄委会综合楼 14 层 邮政编码:450003
发行单位:黄河水利出版社
发行部电话:0371-66026940、66020550、66028024、66022620(传真)
E-mail:hhslcbs@126.com
承印单位:广东虎彩云印刷有限公司
开本:787 mm×1 092 mm 1/16
印张:12.75
字数:300 千字
版次:2021 年 9 月第 1 版 印次:2021 年 9 月第 1 次印刷
定价:150.00 元

前　言

　　信阳位于河南省南部,鄂、豫、皖三省结合部,大别山北麓,淮河中上游,地处北亚热带向暖温带过渡交错区,植物东西交汇、南北兼融,发展苗木花卉具有得天独厚的自然条件:一是野生苗木花卉资源丰富,涵盖了乔、灌、草,为苗木花卉的开发、利用提供了丰富的林草种质资源;二是南北过渡带气候特征,成为苗木花卉引种、驯化的理想场所,是南花北移、北花南移的基地,极大地丰富了信阳园林植物的种类。

　　为摸清信阳林木种质资源家底,保障林木种质安全,更好地开展林木种质资源保护与利用,根据原河南省林业厅的统一部署,在河南省种苗站的大力支持和指导下,由信阳市林业工作站统一组织,以县(区)为单位,各县(区)林业局抽调技术力量并依托技术服务单位,自 2016 年 9 月起到 2019 年 5 月止,历时 2 年零 8 个月,开展了信阳市林木种质资源普查工作,基本摸清了信阳市林木种质资源的种类、分布。根据调查统计,信阳栽培利用的木本植物有 86 科 274 属,2 400 多种、变种及品种。

　　信阳苗木花卉栽培历史悠久,群众基础好,认可度高。现有苗木花卉种植面积 53 万亩,主要分布于信阳中北部的丘岗、平原地区,其中潢川县是核心产区,有“中国花木之乡”的称号,以该县白店镇、卜塔集镇等为中心向周围乡镇辐射,与光山县十里镇相连,成为苗木花卉生产集中地区,其他各县(区)均有种植,形成了独具特色的苗木花卉产业。

　　党的十八大以来,信阳人民自觉践行“绿水青山就是金山银山”理念,坚持生态优先,绿色发展,大力推进苗木花卉体系建设,苗木花卉产业成为林业种植结构调整、农民增收、林业产业化的重要载体和途径,苗木花卉种植品种多,行道树类、孤散植类、绿(花)篱类、地被类、垂直绿化类、造型类、盆栽类均有栽培,规格齐全,为美丽中国建设增添了亮丽底色。

　　本书根据信阳市林木种质资源普查成果,共编列常见园林木本植物 77 科 374 个种及变种,树种图片 374 张,重点介绍了识别要点、生态习性、美学价值及景观应用,可为苗木花卉生产和园林爱好者提供参考。

　　本书由余亚平、余泽龙、邱林担任主编,余亚平负责全书统稿;由王法海、余亚军、杨胜辉、陈锋担任副主编;参加本书编写的还有(按姓氏笔画排序):马冠南、闫琪、李凤英、李月凤、刘巧玲、吴勇、余开慧、陈乐友、张钟心、张学宇、周亚运、周宁宁、郭利青、郭若琪、胡

洁、徐猛、袁锡铭、高畅、黄旺志、梅继林、熊开雨。

由于编者水平有限,编写时间仓促,书中不足之处在所难免,敬请读者批评指正。

编　者

2021 年 7 月

目 录

一、苏铁科

1.苏铁 *Cycas revoluta* **Thunb.**

识别要点:树干圆柱形,上有明显螺旋状排列的叶柄残痕。**羽状叶集生茎顶部**,羽状裂片达30对以上,条形,厚革质,边缘显著地向下反卷。**雌雄球花均生茎顶**,雄球花圆柱形生茎顶,长可达70 cm。雌球花由大孢子叶集生茎顶成鸟巢状,大孢子叶长14~22 cm,边缘有羽状裂片,条状钻形,基部有胚珠2~6枚,生于大孢子叶柄的两侧。种子红褐色或橘红色,长2~4 cm,径1.5~3 cm,密生灰黄色短茸毛。花期夏季,种子10月成熟。

生态习性:分布于中国福建、台湾、广东,信阳有栽培。喜暖热湿润的环境,不耐寒冷,耐热,怕干旱和积水。

景观应用:盆栽观赏,信阳露天栽培冬季需采取保暖措施。

二、银杏科

1.银杏 *Ginkgo biloba* **L.**

识别要点:落叶乔木,高达40 m,树干端直,冠广卵形。干皮幼时光滑,老则纵裂。**枝有长短枝之分**。叶在长枝上互生,短枝上簇生,**叶片折扇形**,具长叶柄,叶脉细而密,呈平行二叉状直达叶缘。雌雄异株,花均细小而色黄绿。"果"为种实,种实有三层种皮。花期4月,种熟9月。

生态习性:银杏为中生代子遗植物,系中国特产,仅浙江天目山有野生状态的树木。信阳广泛栽培,是信阳市树。喜肥、喜光,喜温暖湿润环境,但怕盐碱、怕水涝、怕贫瘠。

景观应用:树干高大挺直,树姿雄伟苍劲,叶片秀雅,秋季金黄,寿命长,病虫害少,是优良的园林绿化树种,可用于庭院、行道树、绿地、厂矿区等绿化或营造风景林,亦可作盆景材料。

三、松科

1.马尾松 *Pinus massoniana* **Lamb.**

识别要点:乔木,株高达 45 m,树冠塔形或伞形。**树皮红褐色**,老时灰褐色,小枝淡黄褐色,冬芽褐色。**叶 2 针一束**,长 12～20 cm,细柔,叶内含 4～7 遍生树脂道,叶鞘宿存。雌球花紫红色,生新梢顶端。雄球花淡红色,多数聚生梢基部,开花时呈黄色。**球果鳞脐微四,无刺**,种子卵圆形。花期 4～5 月,10～12 月种子成熟。

生态习性:分布于江苏、安徽、河南、陕西、四川、贵州及长江中下游各省区。信阳广泛分布。阳性树种,不耐庇荫,喜光、喜温,喜微酸性土壤,耐贫瘠,但怕水涝,不耐盐碱。

景观应用:适宜公园、绿地、亭旁、假山旁配置,可孤植、散植或片植,亦可用于公路两旁绿化。

2.黑松 *Pinus thunbergii* **Parl.**

识别要点:常绿针叶乔木,高达 20 m。幼树树皮暗灰色,老则灰黑色,呈不规则块状鳞裂。**冬芽银白色**,圆柱状椭圆形或圆柱形,顶端尖,芽鳞披针形或条状披针形,边缘白色丝状。叶 2 针一束,**针叶黑绿色**,粗硬光亮,叶端尖锐刺手。雌雄同株异花,球果成熟前绿色,熟时褐色,圆锥状卵圆形或卵圆形,**鳞脐凸起有短刺**。种子倒卵状椭圆形,灰褐色。花期 4～5 月,果翌年成熟。

生态习性:原产日本及朝鲜南部海岸地区。信阳有引种栽培。阳性树种,喜光、耐旱、抗瘠薄,对二氧化碳及氯气的抗性强。

景观应用:常修剪造型,用于庭院、公园、绿地等作景观点缀,亦可作盆景材料。

3.雪松 *Cedrus deodara*(Roxb.)G. Don

识别要点:常绿针叶乔木,树体高大,株高达50 m,树冠尖塔形,主干挺直,壮丽雄伟。干皮灰色、鳞状块片脱落。大枝横伸平展,小枝常下垂,当年生枝密被短柔毛,**枝有长枝、短枝之分**,长枝上叶散生,短枝上叶簇生。**叶针形,不成束**,硬而尖锐。雌雄异株或同株,花期10～11月,球果卵圆形,翌年成熟。

生态习性:分布于阿富汗至印度,海拔1 300～3 300 m地带。信阳广泛栽培。喜光,喜温凉湿润气候。对土壤要求不严,酸性、中性或微碱性土壤均可适应,不耐水湿。抗风和抗烟害力弱,对有毒气体比较敏感。

景观应用:姿态雄伟,挺拔苍翠,是优良的园林绿化树种,常用于庭院绿化、行道树或公园、绿地主景树,可孤植、列植、散植、片植。

4.金钱松 *Pseudolarix amabilis*(Nelson)Rehd.

识别要点:落叶乔木,树干通直,高可达40 m。树皮深褐色,深裂有鳞片状块片。枝条轮生而平展,**小枝有长短之分**。**叶片条形**,扁平柔软,在长枝上成螺旋状散生,在短枝上15～30枚簇生,向四周辐射平展。花雌雄同株,**雄花球数个簇生于短枝顶端**,雌花球单个生于短枝顶端。

生态习性:产于江苏南部(宜兴)、浙江、安徽南部、福建北部、江西、湖南、湖北利川至四川万县交界地区。信阳有栽培。适宜温凉湿润气候,喜深厚肥沃、排水良好的土壤。

景观应用:为著名的园林观赏树种。树形高大,树干端直,入秋叶色金黄色。适宜庭院、公园、绿地等绿化或作行道树,亦可营造风景林。

5. 白皮松 *Pinus bungeana* **Zucc.**

识别要点:常绿针叶乔木,树体高大,株高达30 m。幼树干皮灰绿色,光滑。**大树干皮呈不规则片状脱落,形成白褐相间的斑鳞状。**冬芽红褐色,小枝灰绿色,无毛。**叶 3 针一束,**针叶短而粗硬,叶鞘早落。雌雄同株异花,球果卵圆形,种子卵圆形,有膜质硬翅。花期 4 ~ 5 月,果翌年成熟。

生态习性:白皮松是中国特有树种,分布于中国山西、河南西部、陕西秦岭、甘肃南部及天水麦积山、四川北部江油观雾山和湖北西部等地。信阳有栽培。喜光、耐旱、耐干旱贫瘠,抗寒力强,是松类树种中能适应钙质黄土及轻度盐碱土壤的主要树种。在深厚肥沃、向阳温暖、排水良好的土壤上生长最为旺盛。对二氧化硫有较强抗性。

景观应用:干皮斑驳美观,针叶短粗亮丽,适宜庭园、公园、绿地等作景观配置。

6. 日本五针松 *Pinus parviflora*

识别要点:常绿乔木,株高达30 m。树冠圆锥形。树皮幼时淡灰色,光滑,老则呈现橙黄色,呈不规则鳞片状剥落,内皮赤褐色。**叶细短,5 针一束,**簇生枝端,**带蓝绿色,**内侧两面有白色气孔线,钝头,边缘有细锯齿,树脂道 2,边生。球果卵圆形或卵状椭圆形,成熟时淡褐色。

生态习性:原产于日本。信阳有引种栽培。属温带树种,阳性树,但比赤松及黑松耐阴。喜生于土壤深厚、排水良好、适当湿润之处,在阴湿之处生长不良。生长速度缓慢,不耐移植,耐整形。

景观应用:常修剪造型用于庭院、公园、绿地等作景观点缀,或制作盆景观赏。

四、杉科

1. 日本柳杉 *Cryptomeria japonica* (L. f.) D. Don

识别要点：**常绿乔木**,在原产地高达 40 m。树皮红褐色,纤维状,裂成条片状落脱。大枝常轮状着生,水平开展或微下垂,树冠尖塔形,小枝下垂,当年生枝绿色。**叶钻形**,直伸,先端通常不内曲,四面有气孔线。雄球花长椭圆形或圆柱形,雌球花圆球形,球果近球形,鳞背中部或中下部有**三角状分离的苞鳞尖头**。种子棕褐色,椭圆形或不规则多角形,长 5~6 mm,径 2~3 mm,边缘有窄翅。花期 4 月,球果 10~11 月成熟。

生态习性：原产日本。信阳有引种栽培。喜光耐阴,喜温暖湿润气候,耐寒,畏高温炎热,忌干旱。适生于深厚肥沃、排水良好的沙质壤土,积水时易烂根。对二氧化硫等有毒气体比柳杉具更强的吸收能力。

景观应用：常用作行道树,或公园、绿地、厂矿区等绿化,可列植、散植、片植。

2. 池杉 *Taxodium distichum* var. *imbricatum* (Nuttall) Croom

识别要点：**落叶乔木**,原产地高达 25 m。树皮褐色,纵裂,成长条片脱落,枝条向上伸展,**树冠较窄,呈尖塔形**。当年生小枝绿色,细长,通常微向下弯垂,二年生小枝呈褐红色,**叶钻形**,微内曲,在枝上螺旋状伸展。球果圆球形或矩圆状球形,有短梗,熟时褐黄色。种子不规则三角形,微扁,红褐色。花期 3~4 月,球果 10 月成熟。

生态习性：原产北美东南部。信阳有引种栽培。强阳性树种,耐寒、耐湿,喜深厚、疏松、湿润的酸性土壤,抗风险强、萌芽力强,不耐庇荫。

景观应用：树形婆娑,枝叶秀丽。常用于河岸、池畔、湿地等绿化,可孤植、丛植、片植,亦可列植作行道树。

3. 落羽杉 *Taxodium distichum* (L.) Rich.

识别要点：落叶乔木，原产地高达 50 m。树干尖削度大，干基通常膨大，**常有屈膝状的呼吸根**。树皮棕色，裂成长条片脱落，枝条水平平展，幼树树冠圆锥形，老则呈宽圆锥形。**叶条形互生**，扁平，基部扭转在小枝上裂成二列，羽状。雄球花卵圆形，有短梗，球果球形或卵圆形，熟时淡褐黄色。种子不规则三角形，有锐棱，褐色，球果 10 月成熟。

生态习性：原产北美东南部。最早引种到信阳鸡公山，现广泛栽培。强阳性树种，适应性强，耐低温、干旱、涝渍和土壤贫瘠，耐水湿，抗污染，且病虫害少，生长快。

景观应用：枝叶茂盛，冠形雄伟秀丽，常用于河岸、池畔、湿地等绿化，可孤植、丛植、片植，亦可列植作行道树。

4. 水杉 *Metasequoia glyptostroboides* Hu & W. C. Cheng

识别要点：**落叶乔木**，株高达 40 m。树干端正，树冠广椭圆形，芽与小枝通常均对生。树皮灰褐色，呈条状剥落，侧生无芽小枝呈两列羽状，下垂。**叶扁条形对生**，全缘，薄而柔软，叶无叶柄，叶面淡绿色。雌雄同株异花，球果近圆形，具长柄，下垂。花期 3 月，果期 11 月。

生态习性：分布于湖北、重庆、湖南三省交界的利川、石柱、龙山三县的局部地区，垂直分布一般为海拔 750～1 500 m。信阳广泛栽培。深根性速生树种，喜光、耐寒、耐水湿，也稍耐贫瘠和干旱，但以光照充足、水分充沛、温暖湿润的气候和深厚肥沃的沙质壤土最为适宜。

景观应用：树干通直，树姿优美，叶片秀丽。常用于河岸、池畔、湿地等绿化，可孤植、丛植、片植，亦可列植作行道树。

五、柏科

1. 柏木 *Cupressus funebris* Endl.

识别要点:乔木,高达 35 m。树皮淡褐灰色,裂成窄长条片。**小枝细长下垂,生鳞叶的小枝扁,排成一平面**,两面同形,绿色。鳞叶二型,先端锐尖,两侧的叶对折,背部有棱脊。雄球花椭圆形或卵圆形,雌球花近球形,球果圆形,熟时暗褐色,**种鳞盾形**。种子宽倒卵状菱形或近圆形,扁,边缘具窄翅。花期 3~5 月,种子**第二年成熟**。

生态习性:为中国特有树种,分布很广,产于浙江、福建、江西、湖南、湖北西部、四川北部及西部大相岭以东、贵州东部及中部、广东北部、广西北部、云南东南部及中部等地。信阳有栽培。喜温暖湿润,耐干旱瘠薄、耐寒,稍耐水湿,耐侧方庇荫,中性、微酸性及钙质土壤均能生长。

景观应用:四季常青,树冠浓密秀丽。多用于寺庙、纪念场馆等绿化,可列植、散植、片植。

2. 侧柏 *Platycladus orientalis*(L.)Franco

识别要点:常绿乔木,株高达 20 m。干皮淡灰褐色,条片状纵裂,枝条多由树干基部平斜展开,形成圆锥形树冠,**小枝扁平,直展,排列成平面**。全部**为鳞片叶**,交互对生,紧贴于小枝。雌雄同株异花,雌雄花均单生枝顶。球果阔卵形,种鳞木质,扁平,厚,背部顶端下方有一弯曲的钩状尖头。种子卵形,灰褐色,有棱脊。花期 4 月,果期 10 月。

生态习性:产于中国内蒙古南部、吉林、辽宁、河北、山西、山东、江苏、浙江、福建、安徽、江西、河南、陕西、甘肃、四川、云南、贵州、湖北、湖南、广东北部及广西北部等地。信阳有分布。喜光,幼树稍耐阴。对土壤要求不严,在酸性、中性、石灰性和轻碱土壤上均可生长,耐干旱瘠薄。萌芽力强,耐寒力中等。

景观应用:多用于寺庙、纪念场馆等绿化,亦可作盆景材料。

3.千头柏 *Platycladus orientalis*（**Linn.**）*Franco* **cv. 'Sieboldii'**

识别要点:为侧柏的栽培种。**常绿丛生灌木,无主干,枝密集生长**,树冠扫帚状,小枝片明显直立,叶绿色。雄球花黄色,卵圆形。雌球花近球形,蓝绿色。球果近卵圆形,成熟前近肉质,蓝绿色,成熟后木质,开裂,红褐色。种子卵圆形或近椭圆形,顶端微尖,灰褐色或紫褐色。3~4月开花,10月球果成熟。

生态习性:分布于中国长江流域。信阳有栽培。喜光,幼树稍耐阴,对土壤要求不严,在酸性、中性、石灰性和轻碱土壤上均可生长。耐干旱瘠薄,萌芽力强,耐寒力中等。

景观应用:常用于绿篱或公园、绿地作景观点缀,可丛植、片植。

4.粉柏 *Sabina squamata* **cv. Meyeri**

识别要点:乔木,高达30~35 m。树皮红褐色、灰褐色,幼树平滑,老则纵裂。枝斜展,枝条上伸,小枝茂密短直。**叶刺形,基部下延,无关节,3枚轮生,两面被白粉**,呈翠蓝色。**雌雄球花单生于短枝枝顶**。球果卵形,熟时呈浆果状,红褐色,种子近卵圆形,微扁,暗褐色。

生态习性:分布区为亚热带中部和南部以及热带山地气候。信阳有栽培。喜光,喜石灰质肥沃土壤,较耐寒。

景观应用:常用作绿篱或地被绿化,亦可作盆景材料。

5. 圆柏　*Juniperus chinensis* **Linnaeus**

识别要点：常绿乔木,株高达20 m。树冠尖塔形,老则广圆形。干皮灰褐色,条片状纵裂。**叶二型,幼树多刺形叶,老树多鳞叶**,刺叶常3叶轮生,**鳞叶先端钝**,交互对生。雌雄异株,雌雄花均单生于短枝枝顶。球果近球形,**成熟时呈浆果状**,有明显的心皮尖突起,果被白粉。花期4月,果翌年秋季成熟。

生态习性：产于内蒙古乌拉山、河北、山西、山东、江苏、浙江、福建、安徽、江西、河南、陕西南部、甘肃南部、四川、湖北西部、湖南、贵州、广东、广西北部及云南等地。信阳有栽培。喜光也稍耐阴,喜温暖湿润气候和深厚肥沃土壤,酸性、中性、微碱性均可适应。耐旱、耐寒,但不耐严寒和水湿。萌芽性强,耐修剪,寿命长。

景观应用：树冠枝叶浓密,干型端直。常用作寺庙、纪念场馆等绿化,可散植、片植或列植为行道树。

6. 龙柏　*Sabina chinensis*（L.）**Ant. cv. Kaizuca**

识别要点：常绿乔木,为圆柏的变种,株高达8 m。树冠窄圆柱状塔形或呈火炬形,分枝低,枝条向上直展,**常扭转向上,小枝密**。**全株几乎均为鳞叶**,有时基部具刺叶,嫩时鲜黄绿色,老则变灰绿色。球果蓝黑色,微被白粉。

生态习性：龙柏产于中国内蒙古乌拉山、河北、山西、山东、江苏、浙江、福建、安徽、江西、河南、陕西南部、甘肃南部、四川、湖北西部、湖南、贵州、广东、广西北部及云南等地。信阳有栽培。耐热又稍耐寒,喜干燥、肥沃而深厚的中性土壤。

景观应用：常用于庭院、公园、绿地等绿化,可丛植、片植。

7. 北美圆柏 *Sabina virginiana*（Linn.）Ant.

识别要点:常绿乔木,高达30 m。树皮红褐色,裂成长条片脱落,枝条直立或向外伸展,形成柱状圆锥形或圆锥形树冠。鳞叶排列较疏,菱状卵形,**先端急尖或渐尖**,刺叶出现在幼树或大树上,交互对生,斜展,先端有角质尖头,上面凹,被白粉。雌雄球花异株,球果当年成熟,近圆球形或卵圆形,种子1~2粒,卵圆形,有树脂槽,熟时褐色。

生态习性:原产于北美。信阳有引种栽培。阳性树种,适应性强,抗污染,耐干旱、耐低湿,既耐寒又抗热,抗瘠薄,在各种土壤上均能生长。

景观应用:树形优美,常用作绿篱,下枝不易枯。亦可用于寺庙、纪念场馆等绿化,可散植、片植或列植为行道树。

8. 铺地柏 *Sabina procumbens*（Endl.）Iwata et Kusaka

识别要点:常绿匍匐灌木,近无主干。枝条沿地面扩展,可达数十米,枝稍向上伸展,褐色。全为刺叶,3叶轮生,叶表中脉凹陷,有2变色气孔带,下面蓝绿色中脉明显。雌雄异株,雌雄球花均单生小枝顶,花期4~5月。球果扁球形,翌年10月成熟。

生态习性:原产于日本。信阳有引种栽培。喜干燥、忌低温,耐阴和耐寒力均强,对土壤要求不严。

景观应用:常用作地被植物,亦是布置岩石园或制作盆景的好材料。

六、罗汉松科

1. 罗汉松 *Podocarpus macrophyllus*（Thunb.）D. Don

识别要点：常绿乔木或灌木,株高可达 20 m。树冠卵形,干皮深灰色,鳞片状开裂,大枝平展,小枝枝叶密集。单叶,**条状线形**,革质,螺旋状互生。雌雄异株,种子卵圆形,**成熟时假种皮紫黑色,被白粉**。花期 5 月。

生态习性：罗汉松产于中国江苏、浙江、福建、安徽、江西、湖南、四川、云南、贵州、广西、广东等省区。信阳有栽培。喜温暖、湿润和阳光充足环境,不耐严寒,耐阴、耐热,怕干旱和积水。

景观应用：枝繁叶茂,幽雅可爱。常修剪造型,用于庭院、公园、绿地作景观点缀,亦可作盆景材料。

七、红豆杉科

1. 红豆杉 *Taxus chinensis*（Pilger）Rehd.

识别要点：乔木,高达 20 m。树皮灰褐色或黑褐色,长片状脱落。一年生小枝绿色,二、三年生枝黄褐色。叶较厚,基部扭转成二列,**条形**,中脉带上有密生均匀而微小的圆形角质乳头状突起点,常与气孔带同色。种子扁卵圆形,较短,**生于红色肉质杯状的假种皮中**,先端微有 2 条棱脊,种脐卵圆形。花期 4 月,10 月种子成熟。

生态习性：分布于北半球温带至热带地区,中国甘肃、陕西、湖北、四川、吉林、辽宁、云南、西藏、安徽、浙江、台湾、福建、江西、广东、广西、湖南、湖北、河南、贵州、黑龙江有分布。信阳有栽培。喜凉爽气候,耐寒、耐阴,喜湿,怕涝。喜疏松、肥沃、排水良好土壤,沙质土壤为佳。

景观应用：优良观果树种,常用于庭院、公园、绿地作景观配置,可孤植、列植、片植,亦可作盆景材料。

2. 南方红豆杉 *Taxus chinensis*（Pilger）**Rehd. var.** *mairei*（**Lemee et Levl.**）**Cheng et L. K. Fu**

识别要点：常绿乔木，树皮淡灰色，纵裂成长条薄片。芽鳞顶端钝或稍尖，脱落或部分宿存于小枝基部，叶2列，**近镰刀形**，淡绿色，**中脉带上无圆形角质乳头状突起点，中脉带的色泽与气孔带不同**，边带宽而明显。种子倒卵圆形或柱状长卵形，通常上部较宽，**生于红色肉质杯状假种皮中**。

生态习性：产于中国长江流域以南。信阳有栽培。耐阴树种，喜温暖湿润的气候，喜肥沃酸性土壤，耐干旱瘠薄，不耐低洼积水，对气候适应力强。

景观应用：优良观叶、观果树种。常用于庭院、公园、绿地、池边等作景观配置，可孤植、列植，或片植营造风景林，亦可作盆景材料。

八、杨柳科

1. 旱柳 *Salix matsudana* **Koidz**

识别要点：乔木，树皮暗灰色，粗糙，深裂。**枝细长，直立或开展**，幼时带黄绿色后变为棕褐色，无毛或微具短柔毛。叶披针形，长5~8 cm，宽1~1.5 cm，稀2 cm，先端长渐尖，基部圆形，稀近楔形，边缘有腺状尖锐锯齿，表面暗绿色，有光泽，背面带灰白色，幼时稍有毛，后即脱落。叶柄短。托叶披针形或无，有腺齿，早落。雄花序短圆柱形，长1.0~1.5 cm，多少具总花梗，花轴有长毛，雄蕊2个，腺体2个，**苞片卵形**，先端钝，黄绿色，基部多少有短柔毛。雌花序小，长12 mm，有3~5叶生于短总梗上，花轴具长毛，子房近无柄，长圆形，花柱缺或极短，柱头卵形，近圆裂，**腺体2个**。蒴果2裂。花期3~4月，果熟期4~5月。

生态习性：生长于东北、华北平原、西北黄土高原，西至甘肃、青海，南至淮河流域。信阳有分布。喜光、耐寒，湿地、旱地皆能生长，但以在湿润而排水良好的土壤上生长最好，根系发达，抗风能力强，生长快，易繁殖。

景观应用：常用于河岸、湖边、池畔绿化，或孤植于绿地作景观配置。

2. 垂柳 *Salix babylonica* **L**

识别要点:乔木,高达 10 m。**小枝细长下垂**,褐色、深褐色或淡黄褐色,无毛,仅幼嫩部分稍被柔毛。叶狭披针形或线状披针形,长 8 ~ 16 cm,宽 1 ~ 2 cm,先端长渐尖,基部楔形,边缘有细锯齿,表面暗绿色,背面灰绿色,无毛。叶柄长 4 ~ 7 mm,托叶仅生在萌发枝上,卵状披针形。花序具短梗,弯曲,花轴有短柔毛,雄花序长 1 ~ 2 cm,苞片线状披针形,雄蕊 2 个,花丝和苞片等长或较长。雌花序长至 2 cm,**苞片披针形**,

基部具茸毛,子房椭圆形,无柄或近无柄,无毛或基部微有毛。花柱很短,柱头长圆形,2 裂,**腺体 1 个**,居于后位,广卵形,先端微凹,长为子房 1/3,蒴果 2 裂。花期 3 ~ 4 月,果熟期 4 ~ 5 月。

生态习性:产于长江流域与黄河流域。信阳广泛分布。喜水、喜肥、喜温、耐涝、抗病虫,适应性强,在 pH 6 ~ 8、土层深厚、肥沃土壤上生长最快。

景观应用:常用于河流、湖泊、池塘等水系沿岸绿化,亦可作庭荫树、行道树。

3. 龙爪柳 *Salix matsudana* **f. tortuosa**

识别要点:旱柳的变型,**枝条呈不规则扭曲**,其他形态与旱柳一致。

生态习性:中国华北、东北、西北、华东等地均有分布。信阳有栽培。喜光,较耐寒、耐旱。喜欢水湿、通风良好的沙壤土,也较耐盐碱,在轻度盐碱地上仍可正常生长,萌芽力强,根系较发达,深根性,具有内生菌根。对环境和病虫害适应性较强。

景观应用:龙爪柳树形美观,枝条柔软嫩绿,树冠发达,适合庭院、路旁、河岸、池畔、草坪等地绿化栽植。

4. 腺柳 *Salix chaenomeloides* Kimura

识别要点: 小乔木。**枝暗褐色或红褐色**,有光泽。叶椭圆形、卵圆形至椭圆状披针形,长4~8 cm,宽1.8~3.5 cm,先端急尖,基部楔形,稀近圆形,两面光滑,上面绿色,下面苍白色或灰白色,边缘有腺锯齿。叶柄幼时被短茸毛,后渐变光滑,长5~12 mm,先端具腺点。**托叶半圆形或肾形**,边缘有腺锯齿,早落,萌枝上的很发育。雄花序长4~5 cm,粗8 mm,花序梗和轴有柔毛,苞片小,卵形,长约1 mm,雄蕊一般5,花丝长为苞片的2倍,基部有毛,花药黄色,球形。雌花序长4~5.5 cm,粗达10 mm,花序梗长达2 cm,轴被茸毛,子房狭卵形,具长柄,无毛,花柱缺,柱头头状或微裂,苞片椭圆状倒卵形,与子房柄等长或稍短。腺体2,基部连结成假花盘状。背腺小。蒴果卵状椭圆形,长3~7 mm。花期4月,果期5月。

生态习性: 产于辽宁及黄河中下游流域诸省。信阳有分布。多生于海拔1 000 m以下的山沟水旁。喜光,不耐阴,较耐寒。喜潮湿肥沃的土壤。萌芽力强,耐修剪。

景观应用: 腺柳俗称彩叶柳,属变色彩叶树种,观赏性强,常用于河岸、湖边、池畔绿化。

5. 杞柳 *Salix integra*

识别要点: 灌木,高1~3 m。树皮灰绿色。小枝淡黄色或淡红色,无毛,有光泽。芽卵形,尖,黄褐色,无毛。**叶近对生或对生,萌枝叶有时3叶轮生**,椭圆状长圆形,长2~5 cm,宽1~2 cm,先端短渐尖,基部圆形或微凹,全缘或上部有尖齿,幼叶发红褐色,成叶上面暗绿色,下面苍白色,中脉褐色,两面无毛。叶柄短或近无柄而抱茎。花先叶开放,花序长1~2(2.5) cm,基部有小叶,苞片倒卵形,褐色至近黑色,被柔毛,稀无毛,腺体1,腹生。雄蕊2,花丝合生,无毛。子房长卵圆形,有柔毛,几无柄,花柱短,柱头小,2~4裂。蒴果长2~3 mm,有毛。花期5月,果期6月。

生态习性: 产于山东、河北燕山部分和辽宁、吉林、黑龙江三省的东部及东南部。信阳有栽培。喜光照,属阳性树种。喜肥水,抗雨涝,以在土层深厚的沙壤土和沟渠边坡地生长最好。

景观应用: 常用于河岸、沟坡、路坡等绿化,是固堤护岸的好树种。

6.加拿大杨 *Populus ×canadensis* Moench

识别要点:落叶乔木,干直,高30多米。**小枝稍有棱角**,芽大,先端反曲,富黏质。**叶呈正三角形或三角状卵形。**雄花序长7~15 cm,花序轴光滑,每花有雄蕊15~25(40)苞片淡绿褐色。果序长达27 cm,蒴果卵圆形。花期4月,果期5~6月。

生态习性:原产美洲。信阳有引种栽培。喜光,喜湿润气候,在多种土壤上都能生长,在土壤

肥沃、水分充足的立地条件下生长良好,有较强的耐旱能力,在年降水量500~900 mm 的地区生长良好,在年降水量200~1 300 mm 的地区亦能正常生长。

景观应用:常用作行道树或公路绿化。

7.毛白杨 *Populus tomentosa* Carr

识别要点:乔木,高25~30 m。树皮灰白色,光滑,老时深灰色,纵裂,**具菱形皮孔。**小枝幼时被灰色茸毛,芽被疏茸毛。长枝上的叶三角状卵圆形,长达15 cm,先端锐尖,基部心脏形或截形,缘具重锯齿,**表面暗绿色**,背面有灰茸毛,**老叶背面无毛**,短枝上的叶小,卵圆形或三角状卵形,有波状齿,背面光滑。叶柄长2.5~5.5 cm,扁平。雄花序长10

cm,苞片约有10个尖裂,密生茸毛,雄蕊8。雌花序长4~7 cm,子房椭圆形,柱头2裂,扁平。蒴果卵形,2裂。花期3月,果熟期4~5月。

生态习性:分布广泛,在辽宁(南部)、河北、山东、山西、陕西、甘肃、河南、安徽、江苏、浙江等省均有分布,以黄河流域中下游为中心分布区。信阳有栽培。喜生于海拔1 500 m以下的平原地区。深根性,耐旱力较强,黏土、壤土、沙壤土或低湿轻度盐碱土均能生长。在水肥条件充足的地方生长最快。

景观应用:常用于行道树或道路绿化。

8. 小叶杨 *Populus simonii Carr*

识别要点：落叶乔木,高达 20 m,胸径 50 cm 以上。树皮呈筒状,厚 1 ~ 3 mm,幼树皮灰绿色,表面有圆形皮孔及纵纹,偶见枝痕。老皮色较暗,表面粗糙,有粗大的沟状裂隙。内表面黄白色,有纵向细密纹。质硬不易折断,断面纤维性。**叶菱状卵形、菱状椭圆形或菱状倒卵形**。气微,味微苦。花期3 ~ 5 月,果期4 ~ 6月。

生态习性：为中国原产树种。中国各地常见分布,以黄河中下游地区分布最为集中。信阳有栽培。喜光树种,不耐庇荫,适应性强,对气候和土壤要求不严,耐旱,抗寒,耐瘠薄或弱碱性土壤,在沙、荒地和黄土沟谷也能生长,但在湿润、肥沃土壤的河岸、山沟和平原上生长最好。

景观应用：常用于行道树或公路绿化。

9. 银白杨 *Populus alba L.*

识别要点：乔木,高 15 ~ 30 m。树干不直,雌株更歪斜。树冠宽阔。树皮白色至灰白色,平滑,下部常粗糙。小枝初被白色茸毛,萌条密被茸毛,圆筒形,灰绿或淡褐色。**叶上面光滑,下面被白色茸毛**。雄花序长 3 ~ 6 cm。花盘有短梗,宽椭圆形,歪斜。雄蕊 8 ~ 10,花丝细长,花药紫红色。雌花序长 5 ~ 10 cm,花序轴有毛,雌蕊具短柄,花柱短,柱头 2,有淡黄色长裂片。花期4 ~ 5月,果期 6 ~ 7 月。

生态习性：新疆有野生分布。信阳有栽培。喜光,耐寒,-40 ℃条件下无冻害。不耐阴,深根性。抗风力强,耐干旱气候,但不耐湿热,北京以南地区栽培的多受病虫害。

景观应用：树形高耸,枝叶美观,幼叶红艳,常用于行道树或公路绿化。

九、胡桃科

1. 枫杨 *Pterocarya stenoptera* C. DC.

识别要点:大乔木,高达30 m,胸径达 1 m。幼树树皮平滑,浅灰色,老时则深纵裂。小枝灰色至暗褐色,具灰黄色皮孔,**裸芽具柄**。叶多为偶数或稀奇数羽状复叶,**叶轴具翅**,长8～16 cm(稀达 25 cm),叶柄长 2～5 cm。雄性菜荑花序长6～10 cm,单独生于去年生枝条上叶痕腋内,花序轴常有稀疏的星芒状毛。雌性菜荑花序顶生,长约10～15 cm,花序轴

密被星芒状毛及单毛,下端不生花的部分长达 3 cm。雌花几乎无梗,苞片及小苞片基部常有细小的星芒状毛,并密被腺体。果序长 20～45 cm,果序轴常被有宿存的毛。果实长椭圆形,**具由苞片发育形成的两果翅**,果翅狭,条形或阔条形,长 12～20 mm,宽 3～6 mm,具近于平行的脉。花期 4～5 月,果熟期 8～9 月。

生态习性:枫杨在中国华北、华中、华东、华南和西南各地均有分布,在长江流域和淮河流域最为常见。信阳有分布。深根性树种,主根明显,侧根发达。萌芽力很强,生长快。常见于海拔 1 500 m 以下的沿溪涧河滩、阴湿山坡地的林中。喜深厚、肥沃、湿润的土壤,喜光,不耐庇荫。耐湿性强。

景观应用:是河岸、湖畔、湿地绿化的优良树种,可列植、片植。

2. 胡桃 *Juglans regia* L.

识别要点:乔木,高达20～25 m。树干较别的种类矮,树冠广阔。树皮幼时灰绿色,老时则灰白色而纵向浅裂。**小枝无毛**,具光泽,被盾状着生的腺体,灰绿色,后来带褐色。奇数羽状复叶长 25～30 cm,**叶缘无锯齿**,叶柄及叶轴幼时被有极短腺毛及腺体,**老叶几无毛**。雄性菜荑花序下垂,长 5～10

cm、稀达 15 cm。雌性穗状花序通常具 1~3 雌花,雌花的总苞被极短腺毛,柱头浅绿色。花期 5 月,果期 10 月。

生态习性:产于中国华北、西北、西南、华中、华南和华东。信阳多成片分布于山坡、沟谷林中。胡桃树喜光,喜温凉气候,较耐干冷,不耐温热,喜深厚、肥沃,适于阳光充足、排水良好、湿润肥沃的微酸性至弱碱性壤土或黏质壤土,抗旱性较弱,不耐盐碱。深根性,抗风性较强,不耐移植,有肉质根,不耐水淹。

景观应用:胡桃叶大荫浓,且有清香,可用作庭荫树及行道树。

3. 美国山核桃 *Carya illinoinensis*(Wangenh.)K. Koch

识别要点:又名薄壳山核桃、薄皮山核桃等。大乔木,高可达 50 m,**芽黄褐色**。小枝被柔毛。奇数羽状复叶,叶柄及叶轴初被柔毛,小叶具极短的小叶柄,顶端渐尖,**边缘具单锯齿或重锯齿,叶基偏斜**,初被腺体及柔毛,后来毛脱落而常在脉上有疏毛。雄性荑荑花序 3 条 1 束,几乎无总梗,雄蕊的花药有毛。雌性穗状花序直立,花序轴密被柔毛,总苞的裂片有毛。果实矩圆状或长椭圆形,革质,内果皮平滑,灰褐色,有暗褐色斑点,顶端有黑色条纹,基部不完全 2 室。5 月开花,9~11 月果成熟。

生态习性:原产北美洲。信阳有引种栽培。喜温暖湿润气候,年平均温度 15.2 ℃为宜,能耐最高温度为 41.7 ℃,较耐寒,-15 ℃也不受冻害。薄壳山核桃需要较多水分,一年中不同物候期对水分要求不同。一般在开花前春梢生长期要求适量雨水,4 月下旬至 5 月中旬开花期,忌连续阴雨,6~9 月为果实和裸芽发育时期,要求雨量充足而均匀。

景观应用:树体高大,根深叶茂,树姿雄伟壮丽。可用于庭荫树、行道树,也适于河流沿岸、湖泊周围及平原地区"四旁"绿化。

十、桦木科

1. 千金榆 *Carpinus cordata* Bl.

识别要点:乔木,高约 15 m,树皮灰色。小枝棕色或橘黄色,具沟槽,初时疏被长柔毛,后变无毛。叶厚纸质,卵形或矩圆状卵形,较少倒卵形,长 8~15 cm,宽 4~5 cm,**顶端渐尖,具刺尖**,基部斜心形,**边缘具不规则的刺芒状重锯齿**,上面疏被长柔毛或无毛,下面沿脉疏被短柔毛,侧脉 15~20 对。叶柄长 1.5~2 cm,无毛或疏被长柔毛,果序长 5~12 cm,直径约 4 cm,序梗长约 3 cm,无毛或疏被短柔毛,序轴密被短柔毛及稀疏的长柔毛。

果苞宽卵状矩圆形,果苞的两侧近于对称,中脉位于近中央,内侧的基部具一矩圆形内折的裂片,**全部遮盖着小坚果**,中裂片外侧内折,其边缘的上部具疏齿,内侧的边缘具明显的锯齿,顶端锐尖。小坚果矩圆形,长 4~6 mm,直径约 2 mm,无毛,具不明显的细肋。花期5 月,果期 9~10 月。

生态习性:分布于中国东北、华北、河南、陕西、甘肃。信阳有栽培。生长在海拔500~2 500 m 的较湿润、肥沃的阴山坡或山谷杂木林中。

景观应用:千金榆叶色翠绿,树姿美观,果序奇特。可用于行道树及庭院、公园、绿地绿化,可孤植、列植、散植、片植。

2.榛 *Corylus heterophylla* Fisch.

识别要点:灌木或小乔木,高1~7 m,树皮灰色。枝条暗灰色,无毛。叶为矩圆形或宽倒卵形,**顶端凹缺或截形,中央具三角状突尖**,边缘具不规则的重锯齿。叶柄疏被短毛或近无毛。雄花序单生,**果苞钟状**,密被短柔毛兼有疏生的长柔毛,上部浅裂,裂片三角形,边缘全缘,序梗密被短柔毛。坚果近球形,无毛或仅顶端疏被长柔毛。

生态习性:分布于黑龙江、吉林、辽宁、河北、山西、陕西等。信阳有栽培。生于海拔 200~1 000 m 的山地阴坡灌丛中,抗寒性强,喜欢湿润的气候。它较为喜光,充足的光照能促进其生长发育和结果。

景观应用:可用于庭院绿化或公园、绿地作景观配置。

十一、壳斗科

1. 槲栎 *Quercus aliena* Bl.

识别要点:落叶乔木,高达
30 m。树皮暗灰色,深纵裂。老
枝暗紫色,具多数灰白色突起的
皮孔。**小枝灰褐色近无毛**,具圆
形淡褐色皮孔。芽卵形,芽鳞具
缘毛。叶片长椭圆状倒卵形至
倒卵形,**叶柄光滑,长于 1 cm,叶
缘具波状钝齿**,顶端微钝或短渐
尖,基部楔形或圆形。壳斗杯
形,包着坚果约 1/2,直径 1.2 ~
2 cm,高 1 ~ 1.5 cm,坚果椭圆形
至卵形,直径 1.3 ~ 1.8 cm,高 1.7 ~ 2.5 cm,果脐微突起。花期 4 ~ 5 月,果期 9 ~ 10 月。

生态习性:产于陕西、山东、江苏、安徽、浙江、江西、河南、湖北、湖南、广东、广西、四
川、贵州、云南,信阳常分布于阳坡阔叶林中。生于海拔 100 ~ 2 000 m 的向阳山坡,常与
其他树种组成混交林或成小片纯林。

景观应用:槲栎叶形奇特、美观,属观叶树种。可用于公园、绿地作景观配置,可孤植、
列植或片植营造景观林。

2. 槲树 *Quercus dentata* Thunb.

识别要点:落叶乔木,高达 25 m。树皮暗灰褐
色,深纵裂。**小枝粗壮,有沟槽,密被灰黄色星状茸
毛**。叶片倒卵形或长倒卵形,**叶柄短于 1 cm**,长
10 ~ 30 cm,宽 6 ~ 20 cm,顶端短钝尖,叶面深绿色,
基部耳形,**叶缘有指状波状裂片**,幼时被毛,后渐脱
落,叶背面密被灰褐色星状茸毛,侧脉每边 4 ~ 10
条,托叶线状披针形,长 1.5 cm。叶柄长 2 ~ 5 mm,
密被棕色茸毛。**壳斗杯形,小苞片窄披针形**。坚果
卵形至宽卵形,直径 1.2 ~ 1.5 cm,高 1.5 ~ 2.3 cm,
无毛,有宿存花柱。花期 4 ~ 5 月,果期 9 ~ 10 月。

生态习性:主产中国北部地区,以河南、河北、山
东、云南、山西等省山地多见。信阳常分布于阳坡阔
叶林中。槲树为强阳性树种,喜光、耐旱、抗瘠薄,适
宜生长于排水良好的沙质壤土,在石灰性土、盐碱地

及低湿涝洼处生长不良。深根性树种,萌芽、萌蘗能力强,寿命长,有较强的抗风、抗火和抗烟尘能力,但其生长速度较为缓慢。

景观应用:树干挺直,叶片入秋呈橙黄色且经久不落,常用于公园、绿地作景观配置,可孤植、片植或与其他树种混植营造景观林。

3. 白栎 *Quercus fabri* Hance

识别要点:落叶乔木或灌木状,高可达 20 m,树皮灰褐色。冬芽卵状圆锥形,芽鳞多数,叶片倒卵形、椭圆状倒卵形,叶缘具波状锯齿或粗钝锯齿。**叶柄短于 1 cm,被棕黄色茸毛**。花序轴被茸毛,壳斗杯形,包着坚果。**小苞片卵形,排列紧密**,在坚果长椭圆形或卵状长椭圆形,果脐突起。4 月开花,10 月结果。

生态习性:分布于中国陕西、江苏、安徽、浙江、江西、福建、河南、湖北、湖南、广东、广西、四川、贵州、云南等省区。信阳有分布。生长在海拔 50 ~ 1 900 m 的丘陵、山地杂木林中。

景观应用:白栎树形优美,秋季其叶片季相变化明显。常用于公园、绿地作景观配置,可孤植、片植或与其他树种混植营造景观林。

4. 青冈 *Cyclobalanopsis glauca*

识别要点:**常绿乔木**,高达 20 m,胸径可达 1 m。小枝无毛。叶片革质,倒卵状椭圆形或长椭圆形,长 6 ~ 13 cm,宽 2 ~ 5.5 cm,顶端渐尖或短尾状,基部圆形或宽楔形,**叶缘中部以上有疏锯齿**,侧脉每边 9 ~ 13 条,叶背支脉明显,叶面无毛,叶背有整齐平伏白色单毛,老时渐脱落,常有白色鳞秕,叶柄长 1 ~ 3 cm。**壳斗碗形,小苞片合生成 5 ~ 6 条同心环带**。坚果卵形、长卵形或椭圆形,直径 0.9 ~ 1.4 cm,高 1 ~ 1.6 cm,无毛或被薄毛,果脐平坦或微凸起。花期 4 ~ 5 月,果期 10 月。

生态习性:中国大部分省区均有分布,信阳多分布于沟谷杂木林中,新县等地有成片分布。生于海拔 60 ~ 2 600 m 的山坡或沟谷,组成常绿阔叶林或常绿阔叶落叶混交林。

景观应用:可用于园林或水旁作景观配置,可孤植或片植。

5. 北美红栎 *Quercus rubra* **L.**

识别要点：北美红栎是落叶乔木，树型高大，成年树干高达 18～30 m，胸径 90 cm，冠幅可达 15 m。幼树呈金字塔状，树形为卵圆形。随着树龄的增长，树形逐渐变为圆形至圆锥形。树干笔直，树冠匀称宽大，树枝条直立，**嫩枝呈绿色或红棕色**，第二年转变为灰色。叶子形状美丽，色彩鲜艳，叶片互生，**叶子 7～11 裂**。秋季叶色逐渐变为红色，充足的光照可以使秋季叶色更加鲜艳。嫩枝呈绿色或红棕色。坚果棕色。

生态习性：原产于美国东部，欧洲及中国长江中下游也有分布。信阳有引种栽培。喜光、耐半阴，在林冠下生长不良，充足的光照可使秋季叶色更加鲜艳。主根发达，耐瘠薄，萌蘖强。抗污染、抗风沙、抗病虫。对土壤要求不严，喜沙壤土或排水良好的微酸性土壤。

景观应用：北美红栎树体高大，树冠匀称，枝叶稠密，叶形美丽，红叶期长。是优良的行道树和庭荫树种，也可用于公园、绿地作景观配置，亦可片植营造景观林。

6. 弗吉尼亚栎 *Quercus virginiana* **Mill.**

识别要点：常绿乔木，树型高大，高达 20 m 以上，冠幅 40 m 以上。单叶互生，**椭圆形**，表面有光泽，新叶黄绿渐转略带红色，**老叶暗绿**，背面无毛，灰绿，嫩枝树皮由黄绿转暗红。独特、优美的延展性拱形树冠，可形成一个宽大圆形的遮蓬，树龄可达 300 年以上。

生态习性：原产于美国东南部的费吉尼亚沿海平原。信阳有引种栽培。适应性与抗逆性强，耐盐碱、耐瘠薄，较耐水湿，抗风。

景观应用：四季长青，冠幅优美宽大，可用作行道树、庭院绿化或公园、绿地、水滨作景观配置。

7. 柳叶栎 *Quercus phellos* L.

识别要点:落叶乔木,高可达 20 ~ 30 m,少数能达到 39 m,胸径 1 ~ 1.5 m。叶片像柳树的叶子,单叶互生,狭椭圆形或披针形,全缘,叶正面鲜绿色,背面灰白色茸毛。雌雄同株,单性,雄花黄绿色,雌花是细小的团伞花,簇生在茎叶交叉点。果实近球形。

生态习性:主要分布于北美东海岸。信阳有引种栽培。柳叶栎性喜光,耐湿热,宜酸性土,也耐盐碱,在中国温带季风及亚热带湿润季风气候区域,以及海拔较低的江河冲积平原地区都能生长。柳叶栎对土壤肥力要求不高,在偏酸或者偏碱的山地中都能正常生长。

景观应用:柳叶栎寿命长,树形高大、冠大荫浓,是优良的行道树种和庭荫树种,亦可用于公园、绿地、水滨作景观配置。

8. 娜塔栎 *Quercus nutta llii*

识别要点:落叶乔木,主干直立,大枝平展略有下垂,塔状树冠。高达 30 m,径 0.3 ~ 0.9 m,冠幅 12 m。叶椭圆形,长 10 ~ 20 cm,宽 5 ~ 13 cm,**羽状深裂,顶部有硬齿**,正面亮深绿色,背面暗绿色,有丛生毛,秋季叶亮红色或红棕色。树皮灰色或棕色、光滑。每年 11 月初开始变红,第二年 2 月落叶。

生态习性:原产于北美,信阳有引种栽培。适应性强,极耐水湿,抗城市污染能力强,气候适应性强,耐寒、耐旱,喜排水良好的沙性、酸性或微碱性土。

景观应用:是优良的行道树,亦可用于公园、绿地作景观配置,可孤植、列植、片植。

9. 沼生栎 *Quercus palustris* Muench.

识别要点:落叶乔木,高达 25 m。树皮暗灰褐色,略平滑。**小枝褐色,无毛。**叶片卵形或椭圆形,长 10～20 cm,宽 7～10 cm,**叶 5～7 裂,裂片上有刺齿。**雄花序与叶同时开放,数个簇生,雌花单生或 2～3 朵生于长约 1 cm 的总柄上。壳斗杯形。坚果长椭圆形,直径约 1.5 cm,高 2～2.5 cm,顶端圆形,有小柱座,果脐平或微内凹。花期 4～5 月,果期翌年 9 月。

生态习性:原产美洲。信阳有引种栽培。耐干燥、耐高温,喜光照,抗霜冻、抗风、抗空气污染,喜排水良好的土壤,但也适应黏重土壤,为栎树中适生范围最广的树种之一。

景观应用:沼生栎树叶在秋季呈现红、橙、黄、绿等色,为优良观叶树种,可用于行道树或公园、绿地、水滨、湿地等作景观配置,可孤植、列植或片植为景观林。

十二、榆科

1. 榆树 *Ulmus pumila* L.

识别要点:落叶乔木,高 25 m。**树皮深灰色,粗糙,纵裂。**小枝柔软,有短柔毛或近无毛,冬芽近球形或卵圆形。叶椭圆状卵形或椭圆状披针形,长 2～8 cm,宽 1.5～2.5 cm,先端尖或渐尖,基部楔形或圆形,近对称,边缘具重锯齿或单锯齿,表面暗绿色,无毛,背面光滑或幼时有短毛,叶柄长 2～8 mm。花早春先叶开放。翅果倒卵形或近圆形,长 1～1.5 cm,光滑,顶端凹陷,有缺口。种子位于中部。花期 3～4 月,果熟期 5 月。

生态习性:分布于中国东北、华北、西北、西南各省区及长江下游各省。信阳广泛分布于山坡、沟谷杂木林中。阳性树种,喜光,耐旱、耐寒、耐瘠薄,不择土壤,适应性很强。根系发达,抗风力、保土力强。萌芽力强,耐修剪。生长快,寿命长。能耐干冷气候及中度盐碱,但不耐水湿(能耐雨季水涝)。具抗污染性,叶面滞尘能力强。

景观应用:树干通直,树冠圆形,树姿优美,绿荫较浓,常用作行道树和庭荫树,亦是优良的盆景材料。

2. 榔榆 *Ulmus parvifolia* **Jacq.**

识别要点:落叶乔木,树冠广圆形,或冬季叶变为黄色或红色宿存至第二年新叶开放后脱落,高达 25 m,胸径可达 1 m。树干基部有时呈板状根,树皮灰色或灰褐,**裂成不规则鳞状薄片剥落**,露出红褐色内皮,近平滑,微凹凸不平。当年生枝密被短柔毛,深褐色。冬芽卵圆形,红褐色,无毛。叶质地厚,披针状、卵形或窄椭圆形,边缘从基部至先端有**钝而整齐的单锯齿**。**花秋季开放**,3~6 数在叶脉簇生或排成簇状聚伞花序,花被上部杯状,下部管状,花被片4,深裂至杯状花被的基部或近基部,花梗极短,被疏毛。翅果椭圆形或卵状椭圆形,长 10~13 mm,宽 6~8 mm,除顶端缺口柱头面被毛外,余处无毛,果翅稍厚,基部的柄长约 2 mm,两侧的翅较果核部分为窄,果核部分位于翅果的中上部,上端接近缺口,花被片脱落或残存,果梗较管状花被为短,长 1~3 mm,有疏生短毛。花期 8~9 月,果期 10 月。

生态习性:分布于中国河北、山东、江苏、安徽、浙江、福建、台湾、江西、广东、广西、湖南、湖北、贵州、四川、陕西、河南等省区。信阳广泛分布。喜光,耐干旱,在酸性、中性及碱性土上均能生长,但以气候温暖、土壤肥沃、排水良好的中性土壤为最适宜的生境。对有毒气体、烟尘抗性较强。

景观应用:树皮斑驳雅致,秋日叶色变红,可用于街道树和公园、绿地、厂区绿化,亦是制作盆景的好材料。

3. 榉树 *Zelkova serrata*(**Thunb.**)**Makino**

识别要点:乔木,高达 30 m,胸径达 100 cm。树皮灰白色或褐灰色,呈不规则的片状剥落。**当年生枝紫褐色或棕褐色**,疏被短柔毛,后渐脱落,叶薄纸质至厚纸质,大小形状变异很大,卵形、椭圆形或卵状披针形,长 2~9 cm,宽 1~4 cm,先端渐尖或尾状渐尖,基部有的稍偏斜,稀圆形或浅心形,边缘有**桃形锯齿**,具短尖头,侧脉 8~14 对。上面中脉凹下、被毛,下面无毛。叶柄长 4~9 mm,被短柔毛。**核果,上面偏斜,凹陷**,几无柄,直径约

4 mm,具背腹脊,网肋明显,无毛,具宿存的花被。花期4月,果期10月。

生态习性:分布于中国、日本和朝鲜。信阳有分布。阳性树种,喜光,喜温暖环境。耐烟尘及有害气体。适生于深厚、肥沃、湿润的土壤,对土壤的适应性强,酸性、中性、碱性土及轻度盐碱土均可生长。深根性,侧根广展,抗风力强。生长慢,寿命长。

景观应用:树姿端庄,高大雄伟,秋叶变成褐红色。常用作行道树和庭荫树,亦用于公园、绿地、厂矿区绿化。

4.大果榉 *Zelkova Sinica* Schneid.

识别要点:乔木,高达20 m,胸径达60 cm。树皮灰白色,呈块状剥落。叶纸质或厚纸质,卵形或椭圆形,长(1.5~)3~5(~8)cm,宽(1~)1.5~2.5(~3.5)cm,叶面绿,幼时疏生粗毛。雄花1~3朵腋生,直径2~3 mm,花被(5~)6(~7)裂。核果不规则的倒卵状球形,直径5~7 mm,**顶端微偏斜**,几乎不凹陷,表面光滑无毛,除背腹脊隆起外几乎无凸起的网脉,**果梗长2~3 mm**,被毛,花期4月,果期8~9月。核果较大叶榉、榉树为大,顶端不凹陷,具果梗,叶较小,故易于识别。

生态习性:中国特产,分布于甘肃、陕西、四川北部、湖北西北部、河南、山西南部和河北等地。信阳多分布于山坡、沟谷杂木林中。阳性树种,耐干旱、瘠薄,根系发达,萌蘖性强,能适应碱性、中性及微酸性土壤,寿命长。

景观应用:常用作行道树和庭荫树,亦用于公园、绿地绿化,可孤植、列植、片植。

5. 朴树 *Celtis sinensis* Pers.

识别要点:落叶乔木,高达20 m。树皮灰褐色,粗糙不开裂。幼枝密生短毛。叶卵形至狭卵形,长3～7 cm,宽1.5～4 cm,先端急尖或长渐尖,**基部偏斜**,边缘中部以上有浅锯齿,幼时两面有毛,后脱落,表面深绿色,无毛,背面淡绿色,微有毛。叶柄长3～10 mm。**核果**常单生,近球形,径4～5 mm,**红褐色**,果核有凹穴和脊肋,**果柄和叶柄近等长**。花期4月,果熟期9～10月。

生态习性:分布于中国山东、河南、江苏、安徽、浙江、福建、江西、湖南、湖北、四川、贵州、广西、广东、台湾。信阳广泛分布。多生于路旁、山坡、林缘,喜光,适温暖湿润气候,对土壤要求不严,有一定耐干旱能力,亦耐水湿及瘠薄土壤,对多种有毒气体抗性较强,有较强的吸滞粉尘的能力。

景观应用:常用于行道树及公园、绿地、厂矿区绿化,可孤植、列植、片植。

6. 珊瑚朴 *Celtis julianae* Schneid.

识别要点:落叶乔木,高达30 m,树皮淡灰色至深灰色。**当年生小枝、叶柄、果柄老后深褐色,密生褐黄色茸毛**,去年生小枝色更深,毛常脱净,毛孔不十分明显。梗粗壮,上部有2条较明显的肋,两侧或仅下部稍压扁,基部尖至略钝,表面略有网孔状凹陷。花期3～4月,果期8～9月。

生态习性:分布于四川北部、贵州、湖南西北部、广东北部、福建、江

西、浙江、安徽南部、河南西部和南部、湖北西部、陕西南部。信阳多分布于山坡、沟谷杂木林中或林缘。

景观应用:常用于行道树及公园、绿地、厂矿区绿化,可孤植、列植、片植。

7. 大叶朴 *Celtis koraiensis* Nakai

识别要点:落叶乔木,高可达 15 m。冬芽深褐色,叶片椭圆形至倒卵状椭圆形,**先端具尾状长尖,长尖常由平截状先端伸出,边缘具粗锯齿**,两面无毛,果单生叶腋,近球形至球状椭圆形,成熟时橙黄色至深褐色。4~5 月开花,9~10 月结果。

生态习性:分布于中国辽宁(沈阳以南)、河北、山东、安徽北部、山西南部、河南西部、陕西南部和甘肃东部。信阳有分布。阳性树种,稍耐阴,耐寒冷,对土壤适应性广,适合在微碱性、中性至微酸性土壤上生长。

景观应用:树体高大,冠形美观,常用于行道树及公园、绿地绿化,可孤植、列植、片植。

8. 小叶朴 *Acer negundo* 'Aurea'

识别要点:小叶朴落叶乔木,高达 10 m,树皮灰色或暗灰色。当年生小枝淡棕色,老后色较深,**小枝无毛**,散生椭圆形皮孔,去年生小枝灰褐色,冬芽棕色或暗棕色,鳞片无毛。叶厚纸质,狭卵形、长圆形、卵状椭圆形至卵形。**果成熟时蓝黑色**,近球形,直径 6~8 mm,**果柄为叶柄长的 2 倍以上**。花期 4~5 月,果期 10~11 月。

生态习性:分布于中国和朝鲜。信阳有分布。喜光,稍耐阴,耐寒。喜深厚、湿润的中性黏质土壤。深根性,萌蘖力强,生长较慢。

景观应用:树形美观,树冠圆满宽广,绿荫浓郁,常用于行道树及公园、绿地绿化,可孤植、列植、片植。

十三、桑科

1. 构树 *Broussonetia papyrifera*（Linn.）**L'Hér. ex Vent.**

识别要点：乔木或灌木状，**植物体具乳汁**。叶螺旋状排列，广卵形至长椭圆状卵形，小树之叶常有明显分裂，**表面粗糙，疏生糙毛，背面密被茸毛**。**雌雄异株，雄花序为菜荑花序，雌花序头状**。聚花果直径 1.5~3 cm，成熟时橙红色，肉质。瘦果具与果等长的柄，表面有小瘤，龙骨双层，外果皮壳质。花期 3~4 月，果期 8~9 月。

生态习性：产中国南北各地。信阳广泛分布。喜光，适应性强，耐干旱瘠薄，也能生于水边，能在酸性土及中性土上生长，耐烟尘，抗大气污染力强。

景观应用：常用于厂矿区绿化，也可用作行道树。

2. 无花果 *Ficus carica* **Linn.**

识别要点：落叶灌木，高 3~10 m。树皮灰褐色，皮孔明显。多分枝，小枝粗壮，**节上具环状托叶痕**。叶互生，厚纸质，广卵圆形，长宽近相等，10~20 cm，**通常 3~5 裂**，小裂片卵形，边缘具不规则钝齿，表面粗糙，背面密生细小钟乳体及灰色短柔毛。**榕果单生叶腋，大而梨形**，直径 3~5 cm，顶部下陷，成熟时紫红色或黄色，基生苞片 3，卵形。瘦果透镜状。花期 6~8 月，果期 10 月。

生态习性：无花果分布于地中海沿岸。信阳有栽培。喜温暖湿润气候，耐瘠，抗旱，不耐寒，不耐涝。以向阳、土层深厚、疏松肥沃、排水良好的沙质壤土或黏质壤土栽培为宜。

景观应用：常用于庭院、公园、绿地绿化。

3. 异叶榕　*Ficus heteromorpha* Hemsl.

识别要点:落叶灌木或小乔木,高 2～5 m,树皮灰褐色。小枝红褐色,节短。**叶多形,琴形、椭圆形、椭圆状披针形,先端渐尖或为尾状,基部圆形或浅心形,表面略粗糙,背面有细小钟乳体,全缘或微波状,叶柄红色。榕果成对生短枝叶腋,**稀单生,无总梗,球形或圆锥状球形,光滑,直径 6～10 mm,成熟时紫黑色,瘦果光滑。花期 4～5 月,果期5～7月。

生态习性:广泛分布于长江流域中下游及华南地区,北至陕西、湖北、河南。信阳有分布。生于山谷、坡地及林中。

景观应用:可用于公园、绿地作景观配置。

4. 薜荔　*Ficus pumila* Linn.

识别要点:**攀缘或匍匐灌木。**小枝有棕色茸毛。**叶二型,**营养枝上叶小而薄,心脏卵形,长约 2.5 cm 或更短,基部偏斜,在结果枝上较大,革质,卵状椭圆形,长 4～10 cm,先端圆钝,基部圆形或近心脏形,表面无毛,背面有短柔毛,**网脉突起成蜂窝状,**叶柄粗短。聚花果紫褐色。花期 6 月,果熟期 9～10 月。

生态习性:薜荔广泛分布于中

国长江以南至广东、海南等省区。信阳有分布。多攀附在村庄前后、山脚、山窝以及沿河沙洲、公路两侧的古树、大树上和断墙残壁、古石桥、庭院围墙。耐贫瘠,抗干旱,对土壤要求不严格,适应性强,幼株耐阴。

景观应用:常用于假山、石壁、墙壁、树干等作地被,可垂直绿化。

5. 爬藤榕 *Ficus martini* Levl. Et Vant.

识别要点：**常绿攀缘灌木**，长 2～10 m。小枝幼时被微毛。叶互生，叶柄长 5～10 mm，托叶披针形，**叶片革质，披针形或椭圆状披针形**，长 3～9 cm，宽 1～3 cm，先端渐尖，基部圆形或楔形，上面绿色，无毛，下面灰白色或浅褐色，侧脉 6～8 对，网脉突起，成蜂窝状。瘦果小，表面光滑。花期 5～10 月。

生态习性：产于海南、广西、云南、贵州。信阳有分布。常攀缘于树上、岩石上或陡坡峭壁及屋墙上。

景观应用：常用于假山、石壁、墙壁、树干等作地被可垂直绿化。

6. 桑 *Morus alba* L.

识别要点：乔木或为灌木，**有乳汁**，高 3～10 m 或更高。树皮灰色，具不规则浅纵裂。冬芽红褐色，卵形，芽鳞覆瓦状排列，灰褐色，有细毛，小枝有细毛。叶卵形或广卵形，基部圆形至浅心形，边缘锯齿粗钝，有时叶为各种分裂，表面鲜绿色。**花单性，雌雄异株，雌蕊花均组成荑荑花序，聚花果卵状椭圆形，其上的小瘦果无宿存的花柱**，成熟时红色或暗紫色。花期 4 月，果期 6～7 月。

生态习性：原产于中国中部和北部，现由东北至西南各省区，西北直至新疆均有栽培。信阳分布较广。喜温暖湿润气候，稍耐阴。气温 12 ℃以上开始萌芽，生长适宜温度 25～30 ℃。耐旱，不耐涝，耐瘠薄，对土壤的适应性强。能抗烟尘及有毒气体。

景观应用：常用于农村"四旁"绿化及厂矿区绿化。

十四、青皮木科

1. 青皮市 *Schoepfia jasminodora* Sieb. et Zucc.

识别要点: 树皮暗灰褐色。多分枝, 小枝干后黑褐色, 具白色皮孔。叶互生, **叶柄红色**, 长 3~6 mm。叶片纸质或坚纸质, 长椭圆形、椭圆形或卵状披针形, 长 5~9 cm, 宽 2~4.5 cm, 先端渐尖、锐尖或钝尖, 有时略呈尾状, 上面绿色, 下面淡绿色, **叶脉红色**, 侧脉 3~5 对, 两面均明显。花无梗, 2~4 朵排成短穗状或近似头状花序式的螺旋状聚伞花序, 有时花单生, 总花梗长 0.5~1 cm。核果椭圆形, 长约 1 cm, 直径 6 mm, 紫黑色。花期 5 月, 果熟期 8~9 月。

生态习性: 分布于江西、福建、台湾、湖南、广东、广西、四川、云南等地。信阳多分布于山区沟谷杂木林、溪旁。适应性较强, 喜光, 能耐干旱、瘠薄和盐碱。

景观应用: 优良的观叶、观花、观果树种, 常用于公园、绿地作景观配置。

十五、连香树科

1. 连香树 *Cercidiphyllum japonicum* Sieb. Et Zucc.

识别要点: 落叶大乔木, 树皮灰色或棕灰色。**短枝在长枝上对生。** **叶对生**, 在短枝上的近圆形、宽卵形或心形, 生长枝上的椭圆形或三角形。雄花常 4 朵丛生, 近无梗, 花丝长 4~6 mm, 花药长 3~4 mm。雌花 2~6(或 8)朵, 丛生, 花柱长 1~1.5 cm, 上端为柱头面。**蓇葖果荚果状**, 褐色或黑色, 微弯曲, 先端渐细, 有宿存花柱。种子数个, 扁平四角形, 褐色, 先端有透明翅。花期 4 月, 果期 9~10 月。

生态习性: 产于山西西南部、河南、陕西、甘肃、安徽、浙江、江西、湖北及四川。信阳有栽培。耐阴、耐湿, 适合冬寒夏凉地区生长。

景观应用:树体高大,树姿优美,叶形奇特,叶色季相变化丰富,是优良的观叶树种,可用于行道树或公园、绿地作景观配置。

十六、毛茛科

1.铁线莲 *Clematis florida* **Thunb.**

识别要点:藤本,长1~2 m。茎棕色或紫红色,具六条纵纹,节部膨大。**二回三出复叶**,小叶片狭卵形至披针形,顶端钝尖,基部圆形或阔楔形,边缘全缘,极稀有分裂,脉纹不显。**花单生于叶腋,萼片大**,花瓣颜色种类较多。瘦果倒卵形,扁平,边缘增厚。花期6~9月,果期夏季。

生态习性:分布于广西、广东、湖南、江西。信阳多分布于山坡灌丛中。喜肥,耐阴,耐寒性强,忌积水或夏季干旱而不能保水的土壤。

景观应用:铁线莲享有"藤本花卉皇后"之美称,多用于花境、地被、攀缘绿化、切花或盆花。

2.大叶铁线莲 *Clematis heracleifolia* **DC.**

识别要点:多年生**直立灌木**,高50~80 cm。茎粗壮,有明显的纵条纹,密生白色糙茸毛。**三出复叶**,宽卵圆形至近于圆形,长6~10 cm,宽3~9 cm,顶端短尖基部圆形或楔形。**聚伞花序顶生或腋生**,花梗粗壮,有淡白色的糙茸毛,每花下有一枚线状披针形的苞片,花杂性,雄花与两性花异株。瘦果卵圆形,两面凸起,长约4 mm,红棕色。花期8~9月,果期10月。

生态习性:分布于中国湖南、湖北、陕西、河南、安徽、浙江北部、江苏、山东、河北、山西、辽宁、吉林东部。信阳多分布于荒坡或沟谷林中。具有较强的耐阴性、抗寒性、越夏性,对土壤要求不严,适应性强。

景观应用:常用于疏林内、林缘等立体绿化,或用作花篱、地被绿化,亦可用于庭院、公园、绿地作景观配置。

3. 单叶铁线莲 *Clematishenryi* Oliv.

识别要点:多年生**木质藤本**,主根下部膨大成瘤状或地瓜状。**单叶**,叶片卵状披针形,长 10 ~ 15 cm,宽 3 ~ 7.5 cm,顶端渐尖,基部浅心形,**边缘具刺头状的浅齿**,基出弧形中脉 3 ~ 5 ~(~7)条,在表面平坦,在背面微隆起,侧脉网状在两面均能见。聚伞花序腋生,**常只有 1 花**,稀有 2 ~ 5 花,花序梗细瘦,与叶柄近于等长,无毛,下部有 2 ~ 4 对线状苞片,交叉对生。花钟状,直径 2 ~ 2.5 cm。萼片 4 枚,较肥厚,白色或淡黄色,卵圆形或长方卵圆形。瘦果狭卵形,长 3 mm,粗 1 mm,被短柔毛,宿存花柱长达 4.5 cm。花期 11 ~ 12 月,果期翌年 3 ~ 4 月。

生态习性:分布于中国大部分省区。信阳常生于溪边、山谷、阴湿的坡地、林下及灌丛中,缠绕于树上。

景观应用:常用于攀缘绿化或盆栽观赏。

4. 威灵仙 *Clematis chinensis Osbeck.*

识别要点：多年生木质藤本。**一回羽状复叶**，叶片纸质，卵形至卵状披针形，或为线状披针形、卵圆形。常为**圆锥状聚伞花序**，多花，腋生或顶生，萼片多为长圆形或长圆状倒卵形，**顶部疏被柔毛**，顶端常凸尖。瘦果扁，卵形至宽椭圆形。花期6~9月，果期8~11月。

生态习性：主产江苏、安徽、浙江等地。山东、四川、广东、福建等地亦产。对气候、土壤要求不严，但以凉爽、湿润的气候和富含腐殖质的山地棕壤土或沙质壤土为佳。

景观应用：多用于墙篱、长廊、花架、拱门等立体绿化。

5. 山木通 *Clematis finetiana Levl. et Vaniot*

识别要点：多年生木质藤本植物。茎圆柱形，小枝有棱。**三出复叶，小叶全缘**，叶片薄革质或革质，卵状披针形、狭卵形至卵形。**聚伞花序**，苞片小，萼片开展，狭椭圆形或披针形。瘦果，镰刀状狭卵。花期4~6月，果期7~11月。

生态习性：分布于中国云南、四川、贵州、河南、湖北、湖南、广东（200~800 m）、广西、福建、江西、浙江、江苏南部、安徽淮河以南。信阳有分布。耐寒、耐旱，较喜光照，但不耐暑热、强光，喜深厚、肥沃、排水良好的碱性壤土及轻沙质壤土。

景观应用：多用于廊架、绿亭、立柱、墙壁、石壁、造型和篱垣等垂直或立体绿化。

6.牡丹 *Paeonia suffruticosa* Andr.

识别要点:多年生落叶灌木,茎高达 2 m。叶常为二回三出复叶,顶生小叶宽卵形,侧生小叶狭卵形或长圆状卵形。**花单生枝顶**,花瓣 5 或为重瓣,倒卵形,顶端呈不规则的波状。果为蓇葖长圆形。花期 5 月,果期 6 月。

生态习性:中国牡丹资源特别丰富,各地均有牡丹种植。性喜温暖、凉爽、干燥、阳光充足的环境。也耐半阴,耐寒,耐干旱,耐弱碱,忌积水,怕烈日直射。适宜在疏松、深厚、肥沃、地势高燥、排水良好的中性沙壤土上生长。

景观应用:中国传统名花,常用于庭院、公园栽培观赏,可孤植、丛植或片植,也可建造专类花园、植物园。也常盆栽观赏。

十七、木通科

1.鹰爪枫 *Holboellia coriacea* Diels

识别要点:常绿木质藤本。掌状复叶有小叶 3 片,小叶厚革质,椭圆形或卵状椭圆形,顶小叶有时倒卵形。花雌雄同株,伞房式总状花序,总花梗短或近于无梗。**果长圆状柱形**。种子椭圆形,略扁平,种皮黑色,有光泽。花期 4~5 月,果期 6~8 月。

生态习性:分布于中国四川、陕西、湖北、贵州、湖南、江西、安徽、江苏和浙江。信阳多分布于沟谷杂木林、沟边、溪旁。喜温暖,不耐寒,耐干旱瘠薄,在肥沃、深厚和排水良好的土壤上生长良好。

景观应用:鹰爪枫四季常青,枝和叶均具观赏价值,是攀缘绿化优选植物。

2. 大血藤 *Sargentodoxa cuneata*（Oliv.）**Rehd. et Wils.**

识别要点：落叶木质藤本，长可达到 10 余米，藤径粗可达 9 cm。**三出复叶**，或兼具单叶，稀全部为单叶。小叶革质，**顶生小叶近菱状倒卵圆形**，侧生小叶斜卵形。总状花序，雄花与雌花同序或异序，同序时，雄花生于基部。浆果近球形，成熟时黑蓝色。种子卵球形，种皮黑色，光亮平滑，种脐显著。花期 4～5 月，果期 6～9 月。

生态习性：中国分布于陕西、四川、贵州、湖北、湖南、云南、广西、广东、海南、江西、浙江和安徽等。信阳多分布于山坡疏林或沟谷地带。喜温暖，喜湿润，不耐干旱，对土壤条件要求一般。

景观应用：多用于攀缘绿化，如廊、架、树干等。

十八、小檗科

1. 南天竹 *Nandina domestica* **Thunb.**

识别要点：**常绿小灌木**。茎常丛生而少分枝，高 1～3 m。叶互生，**三回羽状复叶，总叶轴上有小节**，基部有包茎鞘，二至三回羽片对生。小叶薄革质，椭圆形或椭圆状披针形。圆锥花序直立，萼片多轮，外轮萼片卵状三角形，向内各轮渐大，最内轮萼片卵状长圆形。花瓣长圆形，先端圆钝。**浆果球形，熟时鲜红色**，少数橙红色。种子扁圆形。

生态习性：产于中国长江流域及陕西、河南、河北、山东、湖北、江苏、浙江、安徽、江西、广东、广西、云南、贵州、四川等省。信阳有栽培。喜温暖及湿润的环境，比较耐阴、耐寒，容易养护。栽培土要求肥沃、排水良好的沙质壤土。

景观应用：茎干丛生，秋冬叶色变红，有红果经久不落，是优良的赏叶观果树种。常用于庭院、公园、绿地作景观配置。

2. 红叶南天竹 *Nandina domestica* var. *porphyrocarp* Thunb.

识别要点: 南天竹新品种,**常绿小灌木**。高60～120 cm,**丛生而少**分枝,枝叶浓密,树形紧凑。**叶互生,总叶轴上有小节,基部有包茎鞘**。小叶椭圆形,先端钝尖,基部楔形,全缘,薄革质,**冬季叶色鲜红,**春、夏、秋三季叶色深绿色。圆锥花序直立,顶生。浆果,球形,红色。花期5～6月,果期9月,宿存至翌年3月。

生态习性: 产于福建、浙江、山东、江苏、江西、安徽、湖南、湖北、广西、广东、四川、云南、贵州、陕西、河南。信阳有栽培。稍耐阴,但是又不能没有光照,喜欢半阴半阳的地方。喜潮湿,喜酸性土壤。

景观应用: 常用于地被绿化或色块,也可丛植用于庭院、公园、绿地作景观配置,亦可作盆景材料。

3. 阔叶十大功劳 *Mahonia bealei*(Fort.)Carr.

识别要点:常绿灌木或小乔木,高可达2 m。一回羽状复叶,小叶无柄,长圆形,上面深绿色,叶脉显著,背面淡黄绿色,基部一对小叶倒卵状长圆形,**叶缘具刺尖状粗齿**。总状花序簇生,芽鳞卵状披针形,苞片阔披针形,**花亮黄色至硫黄色**。外萼片卵形,花瓣长圆形,花柱极短,胚珠2枚。浆果倒卵形,蓝紫色,微被白粉。3～5月开花,5～8月结果。

生态习性: 中国广泛分布。信阳有栽培。喜温暖、湿润和阳光充足的环境,耐阴,较耐寒。对土壤要求不严,在肥沃、排水良好的沙质壤土上生长最好。

景观应用: 阔叶十大功劳叶形奇特,是一种叶、花、果俱佳的观赏植物。常用于公园、绿地作景观配置或林下、林缘立体绿化,也可作绿篱,亦是制作盆景的材料。

4. 十大功劳 *Mahonia fortunei*（Lindl.）Fedde

识别要点：**常绿灌木**,高 0.5~2(4)m。一回羽状复叶,小叶上面暗绿至深绿色,叶脉不显,背面淡黄色,稍苍白色,叶脉隆起。小叶无柄或近无柄,**狭披针形至狭椭圆形**,基部楔形,先端急尖或渐尖。总状花序,芽鳞披针形至三角状卵形,花梗长 2~2.5 mm,苞片卵形,**花黄色**,外萼片卵形或三角状卵形,中萼片长圆状椭圆形,内萼片长圆状椭圆形,花瓣长圆形。浆果球形,蓝紫色,被白粉。花期 7~9 月,果期 9~11 月。

生态习性：分布于中国广西、四川、贵州、湖北、江西、浙江。信阳有栽培。属暖温带植物,喜温暖湿润的气候,性强健,耐阴,忌烈日暴晒,有一定的耐寒性,也比较抗干旱。喜排水良好的酸性腐殖土,极不耐碱,怕水涝。

景观应用：常用于公园、绿地作景观配置或林下、林缘立体绿化,也可作绿篱。

5. 日本小檗 *Berberis thunbergii* DC.

识别要点：落叶灌木,高约 1 m。幼枝淡红带绿色,老枝暗红色,**具细条棱。茎刺单一**。叶薄纸质,倒卵形、匙形或菱状卵形。花朵组成具总梗的伞形花序,或近簇生的伞形花序或无总梗而呈簇生状,花瓣长圆状倒卵形,黄色。**浆果椭圆形,亮鲜红色**。花期 4~6 月,果期 7~10 月。

生态习性：原产日本。信阳有引种栽培。适应性强,喜凉爽湿润环境,耐旱,耐寒,喜阳,能耐半阴。

景观应用：日本小檗是花、叶、果俱佳的观赏植物,常用作绿篱或地被绿化。

6. 紫叶小檗 *Berberis thunbergii* 'Atropurpurea'

识别要点:为日本小檗的栽培品种,落叶灌木。叶菱状卵形,紫红色。花成具短总梗并近簇生的伞形花序,或无总梗而呈簇生状,外轮萼片卵形,内轮萼片稍大于外轮萼片,花瓣长圆状倒卵形,花药先端截形。浆果,红色,椭圆体形,稍具光泽,含种子 1～2 颗。花期 4～6 月,果期 7～10 月。

生态习性:原产日本,产地在中国浙江、安徽、江苏、河南、河北等地。信阳有栽培。适应性强,喜凉爽湿润环境,耐寒也耐旱,不耐水涝,喜阳也能耐阴,萌蘖性强,耐修剪,对各种土壤都能适应,在肥沃、深厚、排水良好的土壤上生长更佳。

景观应用:是园林绿化中色块组合的重要树种。

7. 金叶小檗 *Berberis thunbergii* 'Aurea'

识别要点:日本小檗的一个栽培品种,落叶灌木。株高 1～2 m,多分枝。叶簇生,叶倒卵圆形或匙形,**叶色金黄亮丽,枝节有锐刺**。花簇生状伞形花序,花瓣长圆状倒卵形。6 月中下旬开花,9～10 月果熟期。

生态习性:原产日本。信阳有引种栽培。适应性强,喜凉爽、湿润环境,耐寒、耐旱、耐半阴,忌积水,对土壤的适应性较广。

景观应用:常用作绿篱或色块、色带拼图绿带,亦可盆栽观赏。

十九、防己科

1. 千金藤 *Stephania japonica*（Thunb.）Miers

识别要点：多年生**落叶藤本**，长可达 5 m。根圆柱状，外皮暗褐色，内面黄白色。老茎木质化，小枝纤细，**有直条纹**。叶互生，叶片阔卵形或卵圆形，**叶柄盾状着生**，上面绿色有光泽，下面粉白色，掌状脉 7～9 条。复伞形聚伞花序腋生，伞梗 4～8，小聚伞花序近无梗，密集成头状。核果倒卵形或近球形，长约 8 mm，红色。果核背部具 2 行小横肋状雕纹，每行 8～10 条，小横肋常断裂，胎座迹不穿孔，稀具小孔。花期 6～7 月，果期 8～9 月。

生态习性：信阳多分布于山坡林下、路边、溪旁等。喜温暖气候，不耐严寒，适宜排水良好、疏松、肥沃的沙质壤土生长。

景观应用：常用于地被绿化或廊、架等绿化。

2. 蝙蝠葛 *Menispermum dauricum* DC.

识别要点：藤本。根状茎褐色，垂直生。叶纸质或近膜质，心状扁圆形，**具 3～9 角或 3～9 裂，下面被白粉**，掌状脉。圆锥花序单生或有时双生，有细长的总梗。雄花萼片膜质，绿黄色，倒披针形或倒卵状椭圆形。花瓣肉质，兜状，具短爪。核果紫黑色，果核宽约 10 mm，高约 8 mm，基部弯缺深约 3 mm。花期 6～7 月，果期 8～9 月。

生态习性：分布于中国东北、华北和华东，湖北（保康）也发现过，朝鲜、日本和西伯利亚地区也有分布。喜温暖、凉爽的环境。对土壤要求不严格，但以土层深厚、排水良好的壤土或沙壤土为宜。

景观应用：常用于篱垣攀缘或作地被绿化。

二十、木兰科

1. 北美鹅掌楸 *Liriodendron tulipifera* L.

识别要点：乔木,原产地高可达 60 m,胸径 3.5 m。树皮深纵裂,**小枝褐色或紫褐色**,常带白粉。叶片**近基部每边具 2 侧裂片,先端 2 浅裂**,幼叶背有白色细毛,后脱落。花瓣状,卵形,近基部有一不规则的黄色带。**坚果具翅**,形成聚合果,顶端急尖,下部的小坚果常宿存过冬。花期 5 月,果期 9 ~ 10 月。

生态习性：原产美国东南部。信阳有引种栽培。喜温暖湿润气候及深厚肥沃的酸性土壤,喜光,耐寒性不强,生长较快。

景观应用：世界四大行道树之一,常作为行道树、庭荫树种,也可作为矿区生态修复树种。

2. 鹅掌楸 *Liriodendron chinense*（Hemsl.）Sarg.

识别要点：乔木,高达 40 m。小枝灰或灰褐色。**叶马褂形,近基部每边具 1 侧裂片,先端具 2 浅裂,下面苍白色**。花杯状,花瓣状,倒卵形,绿色,具黄色纵条纹。聚合果纺锤形,**具翅小坚果**,顶端钝或钝尖。花期 5 月,果期 9 ~ 10 月。

生态习性：分布于中国和越南北部。信阳有栽培。适应性较强,喜光,喜温湿、凉爽气候,耐低温,也能耐轻度的干旱和高温。适合在肥沃疏松、排水良好的土壤上生长,忌低湿水涝,在干旱土地上会生长不良。

景观应用：常作为行道树和庭院观赏树种。

3. 含笑 *Michelia figo*（**Lour.**）**Spreng.**

识别要点:常绿灌木,高 2 ~ 3 m。树皮灰褐色,分枝繁密。**芽、嫩枝、叶柄、花梗均密被黄褐色茸毛。**叶革质,狭椭圆形或倒卵状椭圆形。**花生叶腋,直立,淡黄色而边缘有时红色或紫色**,具甜浓的芳香。花被片肉质,较肥厚,长椭圆形。聚合果,蓇葖卵圆形或球形,顶端有短尖的喙。花期 3 ~ 5 月,果期 7 ~ 8 月。

生态习性:原产华南南部各省区,广东鼎湖山有野生。信阳有栽培。喜肥,性喜半阴,在弱阴下最利生长,忌强烈阳光直射,夏季要注意遮阴。

景观应用:常用于庭院、公园、绿地作景观配置,也可盆栽观赏。

4. 阔瓣含笑 *Michelia platypetala*

识别要点:**常绿乔木,嫩枝、芽、嫩叶均被红褐色绢毛。**叶薄革质,长圆形、椭圆状长圆形。分枝较低,侧枝发达,树形开张。**花单生枝梢叶腋,花被片白色**,外轮倒卵状椭圆形或椭圆形,早春开白色花,大而密集,有香味。聚合果,蓇葖无柄,多为长圆体形。种子淡红色,扁宽卵圆形或长圆体形。花期 3 ~ 4 月,果期 8 ~ 9 月。

生态习性:产于湖北西部、湖南西南部、广东东部、广西东北部、贵州东部。信阳有栽培。喜温暖湿润气候,喜充足的光照,亦耐半阴,喜土层深厚、疏松、肥沃、排水良好、富含有机质的酸性至微碱性土壤。

景观应用:常用于公园、绿地作景观配置,可孤植、列植、片植,也可盆栽观赏。

5.深山含笑 *Michelia maudiae* Dunn

识别要点:常绿乔木,高可达 20 m。**芽、幼枝、叶下面、苞片均被白粉。**叶革质,宽椭圆形,稀卵状椭圆形。**花单生枝梢叶腋,花被片白色,**基部稍淡红色,外轮倒卵形,内两轮渐窄小,近匙形。聚合果,蓇葖长圆形、倒卵圆形或卵圆形,顶端钝圆或具短骤尖,背缝开裂。种子红色,斜卵圆形,稍扁。花期 2～3 月,果期 9～10 月。

生态习性:产于浙江南部、福建、湖南、广东、广西、贵州。信阳有栽培。喜温暖湿润气候,喜充足的光照,亦耐半阴,喜土层深厚、疏松、肥沃、排水良好、富含有机质的酸性至微碱性土壤。

景观应用:常用于公园、绿地作景观配置,可孤植、列植、片植,也可盆栽观赏。

6.厚朴 *Houpoea officinalis*

识别要点:落叶乔木。树皮厚,褐色。**小枝粗壮,**淡黄色或灰黄色。顶芽大,狭卵状圆锥形。叶大,近革质,**侧脉明显,通常达 20 对以上,**先端具短急尖或圆钝,基部楔形,全缘而微波状,**下面灰绿色,被灰色柔毛,有白粉。**花白色,芳香。花被片厚肉质,长圆状倒卵形,盛开时常向外反卷,内两轮白色,倒卵状匙形。聚合果长圆状卵圆形。种子三角状倒卵形。花期 5～6 月,果期 8～10 月。

生态习性:产于中国陕西南部、甘肃东南部、河南东南部(商城、新县)、湖北西部、湖南西南部、四川(中部、东部)、贵州东北部。喜光,喜凉爽、相对湿度大的气候环境,在土

层深厚、肥沃、疏松、腐殖质丰富、排水良好的微酸性或中性土壤上生长较好。

景观应用:厚朴叶大荫浓,花大而美丽,常用作庭园观赏树及行道树。

7.凹叶厚朴 *Magnolia officinalis* var. *biloba* Rehder & E. H. Wilson

识别要点:厚朴亚种可参照厚朴识别要点。二者不同之处在于:**叶先端凹缺,成2钝圆的浅裂片**,但幼苗之叶先端钝圆,并不凹缺。聚合果基部较窄。花期4~5月,果期10月。

生态习性:分布于安徽、浙江西部、江西(庐山)、福建、湖南南部、广东北部、广西北部和东北部等地。信阳有栽培。中性偏阴,喜凉爽湿润气候及肥沃排水良好的酸性土壤,畏酷暑和干热。

景观应用:常作庭园观赏树及行道树。

8.红花木莲 *Manglietia insignis*

识别要点:**常绿乔木**,高可达30 m。小枝无毛或幼嫩时在节上被锈色或黄褐毛柔毛。叶革质,**倒披针形**,长圆形或长圆状椭圆形,上面无毛,下面中脉具红褐色柔毛或散生平伏微毛。**花单生枝顶**,芳香,花梗粗壮。花被片,外轮3片褐色,**腹面染红色或紫红色**,倒卵状长圆形,中内轮6~9片,直立,乳白色染粉红色,倒卵状匙形。聚合果鲜时紫红色,卵状长圆形。花期5~6月,果期8~9月。

生态习性:分布于湖南西南部、广西、四川西南部、贵州、云南、西藏东南部。信阳有栽培。耐阴,喜湿润、肥沃的土壤。

景观应用:树形繁茂优美,花色艳丽芳香,为名贵稀有观赏树种。常用作庭院观赏和行道树种,亦可用于公园、绿地作景观配置。

9.市莲 *Manglietia fordiana Oliv.*

识别要点:**常绿乔木**,高可达20 m。嫩枝及芽有红褐短毛,后脱落无毛。叶革质,狭倒卵形、狭椭圆状倒卵形,或倒披针形。**花被片纯白色**,近革质,凹入,长圆状椭圆形。聚合果褐色,卵球形。种子红色。5月开花,10月结果。

生态习性:分布于福建、广东、广西、贵州、云南等地。信阳有栽培。性喜温暖湿润气候及肥沃的酸性土壤。幼年耐阴,长大后喜光。

景观应用:树冠混圆,枝叶并茂,绿荫如盖,典雅清秀,初夏盛开玉色花朵,秀丽动人。常用作庭院观赏和行道树种,亦可用于公园、绿地作景观配置。

10.天女市兰 *Magnolia sieboldii K. Koch*

识别要点:**落叶小乔木**,高可达10 m。**叶膜质,倒卵形或宽倒卵形**,先端骤狭急尖或短渐尖,基部阔楔形、钝圆、平截或近心形。**花与叶同时开放**,白色,芳香,杯状,盛开时碟状。花被片,近等大,外轮长圆状倒卵形或倒卵形,基部被白色毛,顶端宽圆或圆,内两轮较狭小。雄蕊紫红色,雌蕊群椭圆形,绿色。聚合果,熟时红色,倒卵圆形或长圆体形。种子心形,外种皮红色,内种皮褐色。花期5~6月,果期8~9月。

生态习性:分布于辽宁、安徽、浙江、江西、福建北部、广西等地。信阳有栽培。性喜温暖湿润气候及肥沃的酸性土壤。幼年耐阴,长大后喜光。

景观应用:花色美丽,具长花梗,随风招展,为庭园观赏树种,亦可用于公园、绿地作景观配置,可丛植或孤植。

11. 望春玉兰　*Magnolia biondii* **Pamp.**

识别要点:落叶乔木。树皮淡灰色,光滑。**叶椭圆状披针形、卵状披针形**,上面暗绿色,下面浅绿色。**花先叶开放**,芳香,花梗顶端膨大。花被9片,**外轮3片紫红色**,近狭倒卵状条形,中内两轮近匙形,白色,外面基部常紫红色,内轮的较狭小。聚合果圆柱形,**常因部分不育而扭曲**。种子心形,中部凸起,腹部具深沟,末端短尖不明显。花期3月,果熟期9月。

生态习性:分布于河南、湖北、四川、青岛、陕西、山东、甘肃等地。信阳有分布。喜光、耐寒,喜欢肥沃、湿润、排水较好的土壤。

景观应用:可丛植、孤植、列植用于公园、绿地、道路、庭院绿化等。

12. 玉兰　*Yulania denudata*（Desr.）**D. L. Fu**

识别要点:落叶乔木,高可达25 m。枝广展形成宽阔的树冠。**树皮深灰色**,粗糙开裂。**叶纸质,倒卵形**、宽倒卵形或倒卵状椭圆形,基部徒长枝叶椭圆形。花蕾卵圆形,**花先叶开放**,直立,芳香。**花被片白色**,基部常带粉红色。聚合果圆柱形,褐色,具白色皮孔。种子心形,侧扁。花期2~3月(亦常于7~9月再开一次花),果期8~9月。

生态习性:分布于江西、浙江、湖南、贵州、河南等地。信阳有分布。喜阳光,稍耐阴,有一定耐寒性。喜肥沃、适当润湿而排水良好的弱酸土壤。

景观应用:常用于庭院绿化和行道树,还可用于公园、绿地作景观配置,亦可片植营造景观林。

13. 紫玉兰 *Magnolia liliflora* Desr.

识别要点:**落叶灌木。**树皮灰褐色,**小枝绿紫色或淡褐紫色。**叶椭圆状倒卵形或倒卵形,上面深绿色,幼嫩时疏生短柔毛,下面灰绿色,沿脉有短柔毛。**花叶同时开放,**瓶形,**外轮有 3 片花瓣状披针形小萼片,**稍有香气。聚合果深紫褐色,变褐色,圆柱形。花期 3 ~ 4 月,果期 8 ~ 9 月。

生态习性:分布于福建、湖北、四川、云南西北部等地。信阳有栽培或野生。喜温暖湿润和阳光充足的环境,较耐寒,但不耐旱和盐碱,怕水淹,要求肥沃、排水好的沙壤土。

景观应用:紫玉兰是早春观赏花木,多用于庭院绿化,也可用于公园、绿地作景观配置,可孤植、散植或片植。

14. 荷花玉兰 *Magnolia grandiflora* L.

识别要点:**常绿乔木。**树皮淡褐色或灰色,薄鳞片状开裂。**叶厚革质,**椭圆形,长圆状椭圆形或倒卵状椭圆形,叶面深绿色,有光泽,**叶下面、叶柄均密被褐色或灰褐色短茸毛。**花白色,有芳香。花被片,厚肉质,倒卵形。聚合果圆柱状长圆形或卵圆形。种子近卵圆形或卵形,外种皮红色。花期 5 ~ 6 月,果期 9 ~ 10 月。

生态习性:分布于我国长江流域以南。信阳广泛栽培。喜温暖湿润气候,较耐寒,在肥沃、深厚、湿润而排水良好的酸性或中性土壤上生长良好。

景观应用:荷花玉兰树姿雄伟壮丽,叶大荫浓,花似荷花,芳香馥郁,是常用的园林绿化观赏树种。可做园景、行道树、庭荫树。宜孤植、丛植或列植。

15. 黄山玉兰 *Yulania cylindrica* (E. H. Wilson) D. L. Fu

识别要点:落叶乔木。**树皮灰白色,平滑,老枝紫褐色,皮揉碎有辛辣香气**。叶膜质,倒卵形、狭倒卵形、倒卵状长圆形。叶面绿色,无毛,下面灰绿色。**花先叶开放**,直立,中内两轮花瓣白色,基部常红色,倒卵形,**外轮 3 片膜质,萼片状**。聚合果圆柱形,初绿带紫红色后变暗紫黑色,成熟蓇葖排列紧贴,互相结合不弯曲。去种皮的种子褐色,心形,基部突尖,腹部具宽的凹沟。花期 5 ~ 6 月,果期 8 ~ 9 月。

生态习性:分布于安徽、浙江、江西、福建、湖北西南等地。信阳有栽培。喜光、喜肥,耐寒而不耐干热,不耐湿,不耐移栽。

景观应用:常用作庭院观赏和行道树,也可用于公园、绿地作景观配置。

16. 飞黄玉兰 *Yulania denudata* ' Fei Huang '

识别要点:落叶乔木。**叶片倒卵圆形**或卵圆形,厚纸质,绿色,具光泽,主脉明显,基部沿脉被短柔毛,背面淡绿色,被较密短柔毛,侧脉基部近圆形,两侧不对称。具黄色至淡黄色花被片,厚肉质,椭圆状匙形,先端钝圆。花柱和柱头淡黄白色。聚生蓇葖果圆柱状。3 ~ 4 月开花。

生态习性:分布于中部地区。信阳有栽培。喜光,有一定的耐寒性,喜肥沃、湿润而排水良好的酸性土壤,较耐旱,不耐积水。

景观应用:常用作庭院观赏和行道树,也可用于公园、绿地作景观配置。

17 二乔玉兰 *Yulania × soulangeana* (Soul.-Bod.) D. L. Fu

识别要点:**落叶小乔木,小枝通常为紫褐色。**上面基部中脉常残留有毛,下面多少被柔毛。花蕾卵圆形,花先叶开放,浅红色至深红色,**外轮无小萼片状花被片。**聚合果,蓇葖卵圆形或倒卵圆形,熟时黑色,具白色皮孔。种子深褐色,宽倒卵圆形或倒卵圆形,侧扁。花期2～3月,果期9～10月。

生态习性:信阳有栽培。耐旱,耐寒。喜光,适合生长于气候温暖地区,不耐积水和干旱。喜中性、微酸性或微碱性的疏松肥沃的土壤以及富含腐殖质的沙质壤土。

景观应用:常用作庭院观赏和行道树,也可用于公园、绿地作景观配置。

二十一、八角科

1. 红茴香 *Illicium henryi* Diels.

识别要点:**常绿灌木或乔木。**树皮灰褐色至灰白色。叶互生或2～5片簇生,革质,倒披针形,长披针形或倒卵状椭圆形。中脉在叶上面下凹,在下面突起,侧脉不明显。花粉红至深红,暗红色,腋生或近顶生,单生或2～3朵簇生,**雄蕊11～14枚。**最大的花被片长圆状椭圆形或宽椭圆形。果柄较粗,**蓇葖果7～9枚,**顶端细长渐尖,果皮较薄,背面粗糙,皱缩。花期4～6月,果期8～10月。

生态习性:分布于陕西南部、甘肃南部、安徽、江西、福建、河南、湖北、湖南、广东、广西、四川、贵州、云南等地。信阳有分布。阴性树种,喜土层深厚、排水良好、腐殖质丰富、疏松的沙质壤土,不耐旱,尚耐瘠薄,具有一定耐寒性。

景观应用:可用作花篱或公园、绿地作景观配

置,也可作盆景观赏。

2. 红毒茴 *Illicium lanceolatum* A. C. Smith

识别要点:灌木或小乔木。树皮浅灰色至灰褐色。叶互生或稀疏地簇生,革质,披针形、倒披针形或倒卵状椭圆形。花腋生或近顶生,单生或2~3朵,红色、深红色。花被片10~15片,肉质,最大的花被片椭圆形或长圆状倒卵形,**雄蕊6~11枚。果梗纤细,蓇葖果10~14枚**,轮状排列。4~6月开花,8~10月结果。

生态习性:分布于江苏南部、安徽、浙江、江西、福建、湖北、湖南、贵州、河南南部等地。信阳有分布。阴性树种,常生于海拔300~1 500 m的阴湿狭谷和溪流沿岸。

景观应用:叶厚翠绿,果形奇特,树形优美,极耐阴,可用作花篱或公园、绿地作景观配置或疏林下立体绿化,也可作盆景观赏。

二十二、五味子科

1. 华中五味子 *Schisandra sphenanthera* Rehd. et Wils.

识别要点:**木质藤本**。叶纸质,叶片倒卵形、宽倒卵形,或倒卵状长椭圆形,1/2~2/3**以上边缘具疏离、胼胝质齿尖的波状齿,叶柄红色**。花生于近基部叶腋,花梗纤细,花被片橙黄色,近相似,具缘毛,背面有腺点。**聚合果,长串形,红色**,具短柄。种子长圆体形或肾形,种脐斜"V"字形,种皮褐色光滑,或仅背面微皱。4~7月开花,7~9月结果。

生态习性:分布于山西、陕西、甘肃、山东、江苏、安徽、浙江、江西、福建、河南、湖北、湖南、四川、贵州、云南东北部。信阳多分布于沟谷或阴坡林下。喜湿、喜阳、怕积水。常生于海拔600~3 000 m的湿润山坡边、山谷的两侧、灌木林林缘。

景观应用:多用于棚架等垂直或立体绿化。

2. 南五味子 *Kadsura longipedunculata* **Finet et Gagnep.**

识别要点:木质藤本。叶长圆状披针形、倒卵状披针形或卵状长圆形。花单生于叶腋,雌雄异株。雄花花被片白色或淡黄色,雌花花被片与雄花相似,雌蕊群椭圆体形或球形。**聚合果球形**,小浆果倒卵圆形,有时显出种子。花期6~9月,果期9~12月。。

生态习性:分布于江苏、安徽、浙江、江西、福建、湖北、湖南、广东、广西、四川、云南、河南部分地区等。信阳多分布于阴坡林内。喜温暖湿润气候,喜微酸性腐殖土,耐旱性较差。在肥沃、排水好、湿度均衡适宜的土壤上生长最好。

景观应用:南五味子枝叶繁茂,夏季花开具有香味,秋季聚合果红色鲜艳,是庭园和公园垂直绿化的良好树种。

二十三、蜡梅科

1. 蜡梅 *Chimonanthus praecox*(L.)**Link.**

识别要点:落叶灌木。**叶对生**,纸质至近革质,卵圆形、椭圆形、宽椭圆形至卵状椭圆形,有时长圆状披针形,**上表面有矿质化凸起,手在叶面滑动有艰涩感**。花着生于第二年生枝条叶腋内,先花后叶,芳香。花被片圆形、长圆形、倒卵形、椭圆形或匙形。**果常残存于植物体上,果托坛状**,近木质化,口部收缩。花期11月至翌年3月,果期4~11月。

生态习性:分布于山东、江苏、安徽、浙江、福建、江西、湖南、湖北、河南、陕西、四川、贵州、云南等。信阳有栽培。性喜阳光,能耐阴、耐寒、耐旱,忌渍水。好生于土层深厚、肥沃、疏松、排水良好的微酸性沙质壤土上,在盐碱地上生长不良。

景观应用:常用于庭院、公园、绿地种植,也可营造专类园、植物园,亦是制作盆景的好材料。

二十四、樟科

1. 檫木 *Sassafras tzumu*

识别要点：**落叶乔木**，高可达 35 m，胸径达 2.5 m。树皮平滑，顶芽大，椭圆形，芽鳞近圆形，叶片互生，聚集于枝顶，先端渐尖，基部楔形，**全缘或 2～3 浅裂**，坚纸质，上面绿色，**下面灰绿色**，叶柄纤细，花序顶生，先叶开放，多花，与序轴密被棕褐色柔毛，苞片线形至丝状，位于花序最下部者最长。花黄色，雌雄异株。花梗纤细，花被筒极短，花被裂片披针形，花丝扁平，被柔毛。果近球形，**果托呈红色**。3～4 月开花，5～9 月结果。

生态习性：分布于浙江、江苏、安徽、江西、福建、广东、广西、湖南、河南、湖北、四川、贵州及云南等省区。信阳有栽培。喜温暖湿润的环境，适宜土层深厚、通气、排水良好的酸性土壤上生长。

景观应用：春开黄花，且先于叶开放，叶形奇特，秋季变红。可用于庭园、公园栽植或用作行道树。

2. 月桂 *Laurus nobilis*

识别要点：**常绿小乔木或灌木状，枝、叶均有芳香油气味**。小枝圆柱形，具纵向细条纹，幼嫩部分略被微柔毛或近无毛。叶互生，长圆形或长圆状披针形，长 5.5～12 cm，宽 1.8～3.2 cm，先端锐尖或渐尖，基部楔形，**边缘细波状**，革质，上面暗绿色，下面稍淡，两面无毛，羽状脉，中脉及侧脉两面凸起，侧脉每边 10～12 条，末端近叶缘处弧形连结，细脉网结，两面多少明显，呈蜂窠状。**叶柄紫红色**，略被微柔毛或近无毛，腹面具槽。花为雌雄异株，雄花每一伞形花序有花 5 朵。雌花通常有退化雄蕊 4，与花被片互生。花期 3～5 月，果期 6～9 月。

生态习性：原产我国西南部喜马拉雅山东段。信阳有栽培。喜光，稍耐阴，喜温暖湿润气候，也耐短期低温（-8 ℃）。宜深厚、肥沃、排水良好的壤土或沙壤土，不耐盐碱，怕涝。

景观应用：月桂四季常青，树姿优美，有浓郁香

气,适于在庭院、公园栽植。

3. 樟 *Cinnamomum camphora*（L.）Presl

识别要点:常绿大乔木,高可达 30 m,直径可达 3 m,树冠广卵形。**枝、叶及木材均有樟脑气味**。树皮黄褐色,有不规则的纵裂。顶芽广卵形或圆球形,鳞片宽卵形或近圆形,外面略被绢状毛。枝条圆柱形,淡褐色,无毛。叶互生,卵状椭圆形,**离基三脉,大脉腋处有颗粒状腺体**,长 6～12 cm,宽 2.5～5.5 cm,先端急尖,基部宽楔形至近圆形,边缘全缘,软骨质,有时呈微波状,上面绿色或黄绿色,有光泽,下面黄绿色或灰绿色,晦暗,两面无毛或下面幼时略被微柔毛。

生态习性:分布于南方及西南各省。信阳有栽培或野生。喜暖热湿润的环境,不耐寒冷,对涝灾的环境具有一定的抗性,在干旱的环境中长势不佳。

景观应用:常用作庭荫树、行道树。

4. 豹皮樟 *Litsea coreana* Levl. var. *sinensis*（Allen）Yang et P. H. Huang

识别要点:常绿乔木,枝、叶均有樟脑气味,高 8～15 m,胸径 30～40 cm。树皮灰色,呈小鳞片状剥落,脱落后呈鹿皮斑痕。幼枝红褐色,无毛,老枝黑褐色,无毛。顶芽卵圆形,先端钝,鳞片无毛或仅上部有毛。叶互生,叶片长圆形或披针形,先端多急尖,上面较光亮,幼时基部沿中脉有柔毛,叶柄上面有柔毛,下面无毛。羽状脉,侧脉每边 7～10 条,在两面微突起,中脉在两面突起,网脉不明显。叶柄长 6～16 mm,无毛。

生态习性:分布于中国浙江、江苏、安徽、河南、湖北、江西、福建。信阳多分布于阴坡、沟谷杂木林中。生长于海拔 900 m 以下的山地杂木林中,中性偏阴树种,喜温暖凉润气候。

景观应用:四季长青,树干美丽。可用作行道树或公园、绿地作景观配置。

5.红果钓樟 *Lindera erythrocarpa* **Makino**

识别要点:落叶灌木或小乔木，**枝、叶均有樟脑气味**，高达 5 m。树皮灰褐色，小枝有显著凸起的瘤状皮孔。叶纸质，倒卵状披针形，长 6～14 cm，宽 2.5～4.5 cm，顶端长渐尖，基部窄楔形，下延，**背面有棕黄色毛**，或仅沿脉有毛，**脉红色**。花序腋生，有花序梗，花多数，淡黄色，花柄有毛。果实球形，熟时红色。

生态习性:分布于浙江、安徽、江西、湖北、湖南、广东、广西、福建、台湾等地。信阳有分布。生于向阳山坡、山谷杂木林或竹林中。

景观应用:优良观果树种，可用于公园、绿地作景观配置。

6.山橿 *Lindera reflexa* **Hemsl.**

识别要点:落叶灌木或小乔木，**枝、叶均有樟脑气味**。树皮棕褐色，**幼枝条光滑黄绿色**，冬芽长角锥状，芽鳞红色。叶互生，**倒卵状椭圆形**，纸质，上面绿色，下面带绿苍白色，羽状脉。伞形花序着生于叶芽两侧各一，总苞片内有花。雄花花梗密被白色柔毛，花被片黄色椭圆形，花丝无毛。雌花花梗密被白柔毛，花被片宽矩圆形，花柱与子房等长，柱头盘状。果球形，果梗无皮孔。花期 4 月，果期 8 月。

生态习性:分布于河南、江苏、安徽、浙江、江西、湖南、湖北、贵州、云南、广西、广东、福建等地。信阳有分布。生长于海拔约 1 000 m 以下的山谷、山坡林下或灌丛中。喜暖温带温暖湿润性气候，多生长在土层深厚、土壤肥沃、半阴凉的环境中。

景观应用:可用于疏林下或林缘立体绿化。

二十五、虎耳草科

1. 山梅花 *Philadelphus incanus* **Koehne**

识别要点:灌木,高 1.5 ~ 3.5 m。

二年生小枝灰褐色,表皮呈片状脱落,当年生小枝浅褐色或紫红色,被微柔毛或有时无毛。**叶对生**,卵形或阔卵形,长 6 ~ 12.5 cm,宽 8 ~ 10 cm,先端急尖,基部圆形,花枝上叶较小,卵形、椭圆形至卵状披针形,长 4 ~ 8.5 cm,宽 3.5 ~ 6 cm,先端渐尖,基部阔楔形或近圆形,**边缘具疏锯齿**,上面被刚毛,下面密被白色长粗毛。**叶脉离基出 3 ~ 5 条,大叶脉呈弧状弯曲**。整齐性花,芳香,**花瓣四枚**,白色。蒴果倒卵形。

生态习性:分布于山西、陕西、甘肃、河南、湖北、安徽和四川。信阳有分布。适应性强,喜光,喜温暖也耐寒、耐热,怕水涝。

景观应用:花芳香、美丽,花期较久,为优良的观赏花木。可用作花篱,或丛植于公园、绿地作景观配置。

2. 太平花 *Philadelphus pekinensis* **Rupr.**

识别要点:多年生落叶灌木,枝叶茂密,**花乳黄而清香,花瓣四枚**,花多朵聚集。**叶对生**,卵形或阔椭圆形,长 6 ~ 9 cm,宽 2.5 ~ 4.5 cm,先端长渐尖,基部阔楔形或楔形,边缘具锯齿,稀近全缘,两面无毛,稀仅下面脉腋被白色长柔毛。**叶脉离基出 3 ~ 5 条**。花枝上叶较小,椭圆形或卵状披针形,长 2.5 ~ 7 cm,宽 1.5 ~ 2.5 cm。叶柄长 5 ~ 12 mm,无毛。蒴果近球形或倒圆锥形,宿存萼裂片近顶生。花期 5 ~ 7 月,果期 8 ~ 10 月。

生态习性:分布于内蒙古、辽宁、河北、河南、山西、陕西、湖北。信阳有分布。适应性强,能在山区生长,有较强的耐干旱瘠薄能力。半阴性,能耐强光照。耐寒,喜肥沃、排水良好的土壤,耐旱,不耐积水,耐修剪,寿命长。

景观应用:花芳香、美丽,花期较久,为优良的观赏花木。可用作花篱,或丛植于公园、绿地作景观配置。

3. 溲疏 *Deutzia scabra* **Thunb**

识别要点:落叶灌木,稀半常绿,高达 3 m。树皮成薄片状剥落,**小枝中空,红褐色**,幼时有星状毛,老枝光滑。叶对生,卵形至卵状披针形,长 5 ~ 12 cm,宽 2 ~ 4 cm,顶端尖,基部稍圆,**边缘有小锯齿**,两面均有星状毛,粗糙。**圆锥花序**,花白色或带粉红色斑点。萼筒钟状,与子房壁合生,木质化,裂片 5,直立,果时宿存。**花瓣 5**,花瓣长圆形,外面有星状毛。花丝顶端有 2 长齿。花柱 3 ~ 5,离生,柱头常下延。蒴果近球形,顶端扁平,具短喙和网纹。花期 5 ~ 6 月,果期 10 ~ 11 月。

生态习性:各省区均有分布,以西南部最多。信阳多分布于林缘、路边。喜光、稍耐阴,喜温暖、湿润气候,也较耐寒、耐旱。

景观应用:常用作花篱,或丛植于公园、绿地作景观配置。

4. 大花溲疏 *Deutzia grandiflora* **Bunge.**

识别要点:灌木,高约 2 m。树皮常灰褐色,小枝淡灰褐色。**叶卵形至卵状椭圆形**,长 2 ~ 5 cm,顶端渐尖,基部圆形,具不整齐细密锯齿。表面稍粗糙,疏被星状毛,辐射枝 3 ~ 6,背面密被灰白色星状毛辐射枝 6 ~ 9,中央直立单毛。叶柄长 2 ~ 3 mm。**聚伞花序有花 1 ~ 3 朵**,生于侧枝顶端,白色,直径 2.5 ~ 3.7 cm,花萼被星状毛,花瓣在花蕾期镊合状排列。蒴果半球形,径 4 ~ 5 mm,花柱宿存。花期 4 ~ 5 月,果期 6 ~ 7 月。

生态习性:分布于中国辽宁、内蒙古、河北、山西、陕西、甘肃、山东、江苏、河南、湖北等省区。信阳多分布于林缘、路边。喜光,稍耐阴,耐寒,耐旱,对土壤要求不严。

景观应用:常用作花篱,或丛植于公园、绿地作景观配置。

5. 小花溲疏 *Deutzia parviflora* Bge.

识别要点:灌木,高约 2 m。老枝灰褐色或灰色,表皮片状脱落。花枝长 3~8 cm,具 4~6 叶,褐色,被星状毛。叶纸质,卵形、椭圆状卵形或卵状披针形,长 3~6(~10) cm,宽 2~4.5 cm。**伞房花序**直径 2~5 cm,多花,**花序梗被长柔毛和星状毛**,花蕾球形或倒卵形,花冠直径 8~15 cm,花梗长 2~12 mm。萼筒杯状,高约 3.5 mm,直径约 3 mm,密被星状毛,裂片三角形,较萼筒短,先端钝。花瓣白色,阔倒卵形或近圆形,长 3~7 mm,宽 3~5 mm。

生态习性:分布于吉林、辽宁、内蒙古、河北、山西、陕西、甘肃、河南、湖北。信阳多分布于林缘或山坡灌丛。喜光,稍耐阴,耐寒性较强,耐旱,不耐积水。

景观应用:常用作花篱,或丛植于公园、绿地作景观配置。

6. 绣球 *Hydrangea macrophylla*

识别要点:灌木,高 1~4 m。**茎常于基部发出多数放射枝而形成一圆形灌丛**,枝圆柱形。叶纸质或近革质,倒卵形或阔椭圆形。**伞房状聚伞花序近球形**,直径 8~20 cm,**同时具有不育花和可育花**,不育花大而多,可育花极少。花瓣长圆形,长 3~3.5 mm。蒴果未成熟,长陀螺状。花期 6~8 月。

生态习性:分布于山东、江苏、安徽、浙江、福建、河南、湖北、湖南、广东及其沿海岛屿、广西、四川、贵州、云南等省区。信阳有分布。喜温暖、湿润和半阴环境。

景观应用:花型丰满,大而美丽,常用于庭院观赏或丛植、片植于公园、绿地作景观配置,亦可盆栽观赏。

二十六、海桐科

1. 海桐 *Pittosporum tobira*（**Thunb.**）**Ait.**

识别要点：常绿灌木或小乔木，高达 6 m。嫩枝被褐色柔毛，有皮孔。**叶聚生于枝顶**，二年生，革质，嫩时上下两面有柔毛，以后变秃净，**倒卵形或倒卵状披针形，叶先端圆或微凹**。伞形花序或伞房状伞形花序顶生或近顶生，密被黄褐色柔毛，花梗长 1～2 cm。苞片披针形，长 4～5 mm。小苞片长 2～3 mm，均被褐毛。花白色，有芳香，后变黄色。萼片卵形，长 3～4 mm，被柔毛。花

瓣倒披针形，长 1～1.2 cm，离生。**雄蕊 2 型**，退化雄蕊的花丝长 2～3 mm，花药近于不育。正常雄蕊的花丝长 5～6 mm，花药长圆形，长 2 mm，黄色。子房长卵形，密被柔毛，侧膜胎座 3 个，胚珠多数，2 列，着生于胎座中段。花期 3～5 月，果熟期 9～10 月。

生态习性：主要分布于江苏南部、浙江、福建、台湾、广东等地。信阳有栽培。对气候的适应性较强，能耐寒冷，亦颇耐暑热。对土壤的适应性强，在黏土、沙土及轻盐碱土上均能正常生长。对二氧化硫、氟化氢、氯气等有毒气体抗性强。

景观应用：常用作绿篱、绿带或修剪造型用于公园、绿地作景观点缀，尤宜于工矿区种植。

2. 海金子 *Pittosporum illicioides* **Makino**

识别要点：常绿灌木，高达 5 m。嫩枝无毛，老枝有皮孔。**叶生于枝顶，3～8 片簇生呈假轮生状**，薄革质，倒卵状披针形或倒披针形，**叶先端渐尖**，5～10 cm，宽 2.5～4.5 cm。伞形花序顶生，有花 2～10 朵，花梗长 1.5～3.5 cm。蒴果近圆形，长 9～12 mm，多少三角形，或有纵沟 3 条，子房柄长 1.5 mm，3 片裂开，果爿薄木质。种子 8～15 个，长约 3 mm，种柄短而扁平，长 1.5 mm。果梗纤细，长 2～4 cm，常向下弯。

生态习性:分布于中国福建、台湾、浙江、江苏、安徽、江西、湖北、湖南、贵州等省。信阳有栽培。对气候的适应性较强,能耐寒冷,亦颇耐暑热。

景观应用:可用作绿篱,或丛植于公园、绿地作景观配置。

二十七、金缕梅科

1.北美枫香 *Liquidambar styraciflua* L.

识别要点:大型落叶阔叶树种,树高可达 15～30 m,**干性挺直**,株形伟岸,幼年树冠塔状,成年后广卵形。**小枝红褐色,通常有木栓质翅。**叶互生,宽卵形,掌状 5～7 裂,叶长 10～18 cm,叶柄长 6.5～10 cm。**花单性,雌雄同株,雌花组成球形头状花序而后发育成圆球形果序**

生态习性:原产于北美洲。信阳有引种栽培。喜光照,在潮湿、排水良好的微酸性土壤上生长较好。

景观应用:优良的观叶树种,常用作行道树、庭院观赏树或公园、绿地主景树,可孤植、丛植、片植。

2.枫香树 *Liquidambar formosana* Hance

识别要点:落叶乔木,**干性挺直**,高达 30 m,胸径最大可达 1 m。树皮灰褐色,方块状剥落。芽体卵形,长约 1 cm,略被微毛,鳞状苞片敷有树脂。叶薄革质,阔卵形,**掌状3 裂**,中央裂片较长,先端尾状渐尖。两侧裂片平展,裂片边缘有锯齿,齿尖有腺状突。叶柄长达 11 cm,常有短柔毛。托叶线形,游离,早落。花单性,雌雄同株,**雌花组成球形头状花序而后发育成圆球形果序**。

生态习性:分布于秦岭及淮河以南各省区,北起河南、山东,东至台湾,西至四川、云南及西藏,南至广东。信阳广泛分布。耐火性和耐旱性极强,性喜阳光。

景观应用:可用作行道树或公园、绿地主景树。

3. 檵木 *Loropetalum chinense* (R. Br.) Oliver

识别要点：**常绿灌木**，有时为小乔木，多分枝，**小枝及叶有星状毛**。叶革质，卵形，长 2~5 cm，宽1.5~2.5 cm，先端尖锐，基部钝，不等侧。花3~8朵簇生成头状花序，有短花梗，**花瓣4片**，**带状**，白色，比新叶先开放，或与嫩叶同时开放。蒴果卵圆形，长7~8 mm，宽6~7 mm。种子圆卵形，长4~5 mm，黑色，发亮。花期3~4月。

生态习性：分布于中部、南部及西南各省。信阳有分布。喜光，稍耐阴，但阴时叶色容易变绿。适应性强，耐旱。喜温暖，耐寒冷，耐瘠薄，但适宜在肥沃、湿润的微酸性土壤上生长。

景观应用：常用作红花檵木的砧木，亦是制作盆景的材料。

4. 金缕梅 *Hamamelis mollis* Oliver

识别要点：落叶灌木或小乔木，高达8 m。**嫩枝有星状茸毛**，老枝秃净。芽体长卵形、宽倒卵圆形，边缘有波状钝齿。花两性，2月前后先叶开放，花数朵簇生叶腋，**花瓣带状**，**黄白色**。蒴果卵圆形，长1.2 cm，宽1 cm，**密被黄褐色星状茸毛**。

生态习性：分布于四川、湖北、安徽、浙江、江西、湖南及广西等省区。信阳有分布。耐寒力较强，在 −15 ℃气温下能露地生长，喜光，但幼年阶段较耐阴，能在半阴条件下生长。

景观应用：重要的早春花木，常用于公园、绿地作景观配置。

5.红花檵木 *Loropetalum chinense var. rubrum*

识别要点:常绿灌木或小乔木。树皮暗灰或浅灰褐色,多分枝。**嫩枝红褐色,密被星状毛**。叶革质互生,卵圆形或椭圆形,长2～5 cm,先端短尖,基部圆而偏斜,不对称,**两面均有星状毛**,全缘,暗红色。花瓣4枚,**紫红色带状**,花3～8朵簇生于小枝端。蒴果褐色,近卵形。花期4～5月,花期长,一年可多次开花。

生态习性:主要分布于长江中下游及以南地区。信阳有栽培。喜光,稍耐阴,但阴时叶色容易变绿。适应性强,耐旱。喜温暖,耐寒冷。萌芽力和发枝力强,耐修剪。

景观应用:广泛用于花篱或色块、色带拼图,或修剪成灌木球或桩景造型用于公园、绿地作景观配置,亦是制作盆景的好材料。

6.蚊母树 *Distylium racemosum* Sieb. et Zucc.

识别要点:**常绿灌木或中乔木**,嫩枝有鳞垢,老枝秃净,**枝常成"之"字形折曲**。芽体裸露,无芽鳞片包被,被鳞垢。叶革质,全缘,椭圆形或倒卵状椭圆形,长3～7 cm,宽1.5～3.5 cm,先端钝或略尖,基部阔楔形,上面深绿色,发亮,下面初时有鳞垢,以后变秃净。总状花序长约2 cm,花序轴无毛,总苞2～3片,花雌雄同在一个花序上,雌花位于花序的顶端。萼筒短,萼齿大小不相等,被鳞垢。雄蕊5～6个,花丝长约2 mm,花药长3.5 mm,红色。子房有星状茸毛,花柱长6～7 mm。**蒴果卵圆形,顶端有两触角状残存花柱**。

生态习性:分布于福建、浙江、安徽、江西、广西、四川、贵州、云南、台湾、广东、海南岛等。信阳有栽培。喜光,稍耐阴,喜温暖湿润气候,耐寒性不强。

景观应用:蚊母树枝叶密集,树形整齐,叶色浓绿,春日开细小红花也颇美丽,可用作绿篱或地被绿化。

二十八、杜仲科

1. 杜仲 *Eucommia ulmoides* **Oliver**

识别要点：落叶乔木，高可达 20 m，胸径约 50 cm。**树皮、叶、果实均内含橡胶，折断拉开有多数细丝**。叶椭圆形、卵形或矩圆形，薄革质，长 6 ~ 15 cm，宽 3.5 ~ 6.5 cm。花生于当年枝基部，雌雄异株，雄花无花被。花梗长约 3 mm，无毛。苞片倒卵状匙形，长 6 ~ 8 mm，顶端圆形，边缘有睫毛。**翅果扁平**，长椭圆形，果梗相接处有关节。种子扁平，线形，长 1.4 ~ 1.5 cm，宽 3 mm，两端圆形。

生态习性：分布于陕西、甘肃、河南、湖北、四川、云南、贵州、湖南、安徽、陕西、江西、广西及浙江等。信阳有栽培。喜温暖湿润气候和阳光充足的环境，能耐严寒。

景观应用：可作庭荫树或行道树。

二十九、悬铃木科

1. 一球悬铃木 *Platanus occidentalis* **L.**

识别要点：落叶大乔木，高 40 余米。**侧芽包藏于膨大叶柄的基部，不具顶芽**，树皮有浅沟，呈小块状剥落，嫩枝有黄褐色茸毛被。叶大、阔卵形，通常 3 浅裂，稀为 5 浅裂，宽 10 ~ 22 cm，**中间裂片长度比宽度略小**。花单性，**聚成圆球形头状花序**。雄花的萼片及花瓣均短小，花丝极短，花药伸长，盾状药隔无毛。雌花基部有长茸毛，萼片短小，花瓣比萼片长 4 ~ 5 倍，心皮 4 ~ 6 个，花柱伸长，比花瓣为长。**果枝有头状果序球一个**，稀为 2 个，直径约 3 cm,宿存花柱极短。小坚果先端钝,基部的茸毛长为坚果之半,不突出头状果序外。花期 5 月,果期 9~10 月。

生态习性:原产北美洲,信阳有引种栽培。喜湿润温暖气候,较耐寒,适生于酸性或中性、排水好、土层深厚、肥沃的土壤。

景观应用:常用作行道树或厂矿绿化。

2. 二球悬铃市 *Platanus acerifolia* (Aiton) Willdenow

识别要点:悬铃木科、悬铃木属植物,是三球悬铃木与一球悬铃木的杂交种,高 30 余米。树皮光滑,大片块状脱落,嫩枝密生灰黄色茸毛,老枝秃净,红褐色。叶阔卵形,宽 12~25 cm,长 10~24 cm。基部截形或微心形,上部掌状 5 裂,有时 7 裂或 3 裂。**中央裂片阔三角形,宽度与长度约相等,**裂片全缘或有 1~2 个粗大锯齿。叶柄长 3~10 cm,密生黄褐色毛被。托叶中等大,长 1~1.5 cm,基部鞘状,上部开裂。花通常 4 数,雄花的萼片卵形,被毛。花瓣矩圆形,长为萼片的 2 倍。雄蕊比花瓣长,盾形药隔有毛。**果枝有头状果序 1~2 个,**稀为 3 个,常下垂。头状果序直径约 2.5 cm,宿存花柱长 2~3 mm,刺状,坚果之间无突出的茸毛,或有极短的毛。

生态习性:信阳有栽培。喜光,不耐阴,抗旱性强,较耐湿,喜温暖湿润气候

景观应用:树冠广展,叶大荫浓,是优良的行道树种。

3.三球悬铃市 *Platanus orientalis* **Linn.**

识别要点:悬铃木属落叶大乔木,是二球悬铃木的亲本,高可达 30 m,是世界著名的优良庭荫树和行道树。叶大,轮廓阔卵形,宽 9~18 cm,长 8~16 cm,基部浅三角状心形,或近于平截,上部掌状 5~7 裂,稀为 3 裂,**中央裂片长大于宽**。花 4 数。雄性球状花序无柄,基部有长茸毛,萼片短小,雄蕊远比花瓣为长,花丝极短,花药伸长,顶端盾片稍扩大。雌性球状花序常有柄,萼片被毛,花瓣倒披针形,心皮 4 个。花柱伸长,先端卷曲。**果枝有圆球形头状果序 3~5 个**,稀为 2 个。头状果序直径 2~2.5 cm,宿存花柱突出呈刺状,长 3~4 mm,小坚果之间有黄色茸毛,突出头状果序外。

生态习性:原产欧洲东南部及亚洲西部。信阳有引种栽培。喜光,喜湿润温暖气候,较耐寒。

景观应用:树形雄伟端庄,叶大荫浓,干皮光滑,为优良庭荫树和行道树。

三十、蔷薇科

1.白鹃梅 *Exochorda racemosa*(**Lindl.**)**Rehd.**

识别要点:落叶灌木。枝条细弱,截面多呈圆柱形,微有棱角,无毛,幼时红褐色,老时褐色。冬芽暗紫红色。单叶互生,叶片长椭圆形至长圆状倒卵形,全缘叶,少量中部以上有锯齿,叶柄短或无柄。**花白色**,花瓣倒卵形,**顶生 6~10 朵花组成总状花序**。花梗短,苞片小。萼筒浅钟状,萼片黄绿色,边缘生细锯齿。蒴果呈倒圆锥形,无毛,**有 5 棱**。花期 4~5 月,果熟期 7~9 月。

生态习性:分布于华北和华中等地区。信阳广泛分布于向阳的山坡或沟谷。喜光,也耐半阴,适应性强,耐干旱瘠薄土壤,有一定耐寒性。

景观应用:白鹃梅姿态秀美,春日开花,满树雪白,如雪似梅,是美丽的观赏树,常用作绿篱或园林景观配植,亦可作盆景材料。

2. 棣棠花　*Kerria japonica*（L.）DC.

识别要点：落叶灌木,小枝**绿色有棱**,截面圆柱形,无毛,常拱垂。叶互生,三角状卵形或卵圆形,顶端长渐尖,基部圆形、截形或微心形,边缘有**尖锐重锯齿**。托叶膜质,带状披针形。花瓣5枚,宽椭圆形,顶端下凹,花**金黄色**,单生于当年生侧枝顶端。萼筒扁平,萼片卵状椭圆形。瘦果倒卵形至半球形,褐色或黑褐色。花期4~6月,果期6~8月。

生态习性：分布于安徽、浙江、江西、福建、河南、湖南、湖北、广东、甘肃、陕西、四川、云南、贵州、北京、天津等地。信阳广泛分布于沟谷、溪旁。喜温暖湿润和半阴环境,耐寒性较差,对土壤要求不严,喜肥沃、疏松的沙壤土。

景观应用：盆栽或露天栽植,庭院观赏,常作为花篱、花径,多群植、片植或配植。

3. 重瓣棣棠花　*Kerria japonica*（L.）DC. f. *pleniflora*（Witte）Rehd.

识别要点：落叶灌木,小枝**绿色有条纹**,略呈曲折状。叶互生,三角状卵形或卵圆形,边缘有**尖锐重锯齿**。托叶膜质,带状披针形。**花瓣金黄色**,宽椭圆形,单花着生于当年生侧枝顶端,萼片卵状椭圆形。瘦果呈倒卵形至半球形,褐色或黑褐色。花期4~6月,果期6~8月。

生态习性：分布于甘肃、陕西、山东、河南、湖北、江苏、安徽、浙江、福建、江西、湖南、四川、贵州、云南等地。信阳有栽培。喜温暖湿润和半阴环境,耐寒性较差,对土壤要求不严,喜肥沃、疏松的沙壤土。

景观应用：露天栽植,庭院观赏,常作为花篱、花径,多群植、片植或配植。

4. 花楸 *Sorbus pohuashanensis*（Hance）Hedl.

识别要点：落叶灌木或小乔木。小枝粗壮，灰褐色，干皮紫灰褐色，光滑。**奇数羽状复叶**，叶互生，有小叶 5 ~ 7 对，卵状披针形，叶缘**中部以上具细锐锯齿**，秋季叶片变为鲜艳的紫红色。托叶纸质，宽卵形，宿存。花朵白色，花两性，**顶生复伞房花序**，花束密集，花期长。梨果近球形，熟时红色。花期 6 月，果熟 9 ~ 10 月。

生态习性：分布于黑龙江、吉林、辽宁、内蒙古、河北、山西、甘肃、山东等地，信阳多分布于山区杂木林中。喜凉爽湿润的环境，喜光、耐寒、抗风，喜湿润的酸性土壤。

景观应用：夏季观花，秋季叶片紫红，可观叶观果。常用作公园、绿地作景观配置。

5. 火棘 *Pyracantha fortuneana* Maxim.

识别要点：**常绿灌木**或小乔木。侧枝短常形成**枝刺**，老枝暗褐色无毛，嫩枝被锈色柔毛。单叶互生，呈倒卵形或卵状长圆形，**前端钝圆或微凹**，有时有短尖头，基部楔形延连于叶柄，边缘有**钝锯齿**，两面无毛。芽小，被柔毛。花白色，成**复伞房花序**，直径 3 ~ 4 cm。花瓣近圆形，长、宽 3 ~ 4 mm。花期 5 月，花落结小球果，直径约 5 mm，10 月成熟呈橘红或鲜红色。

生态习性：分布于中国黄河以南及广大西南地区。信阳多分布于沟谷杂木林中。喜光、耐寒，耐干旱贫瘠，适宜在排水良好的中性、微酸性土壤上生长。

景观应用：夏季观花，秋季观果，常用作绿篱或修剪造型在公园、绿地作景观配置，亦可作盆景材料。

6.鸡麻 *Rhodotypos scandens*（Thunb.）Makino

识别要点:落叶灌木。嫩枝时绿色,后变紫褐色,光滑。**叶对生**,呈卵形,长4~11 cm,宽3~6 cm,边缘有**重锯齿**。托叶膜质,狭带形。花瓣倒卵形,白色,单花顶生于新梢。萼片大呈卵状椭圆形,边缘有锐锯齿。**花瓣与萼片均为4片**。核果1~4枚,黑色或褐色,斜椭圆形,长约8 mm,光滑。花期4~5月,果期6~9月。

生态习性:分布于中国中部地区。信阳多分布于阴坡林下、沟谷、溪旁。喜湿润有光的环境,耐寒,怕涝,喜肥沃沙壤土。

景观应用:常用于庭院观赏或用途作花篱,亦可丛植、片植于公园、绿地作景观配置。

7.紫叶李 *Prunus cerasifera* f. *atropurpurea*

识别要点:落叶小乔木,分枝多且枝条细长,暗灰色,**小枝暗红色**,有棘刺。冬芽卵圆形,紫红色。**叶常年紫红色**,叶片椭圆形、卵形或倒卵形,偶见椭圆状披针形,叶缘有锯齿。花瓣白色,长圆形或匙形,边缘波状,基部楔形。花单生或2~3朵簇生,花开浅粉色。萼筒钟状,萼片长卵形,有锯齿。核果近球形或椭圆形,黄色、红色或黑色,直径1~3 cm,**表面有蜡粉**。花期4月,果期8月。

生态习性:分布于新疆等地。信阳有栽培。喜光,喜温暖湿润的环境,有抗旱能力,但不耐干旱。喜中性、酸性黏质土壤。

景观应用:观花观果树种,常用于庭院观赏或公园、绿地主景树,可散植、列植或片植。

8. 木瓜 *Chaenomeles sinensis*（Thouin）Koehne

识别要点:落叶小乔木,**树皮成片状脱落**。枝无刺,但小枝多呈棘状,二年生枝无毛,紫褐色。冬芽半圆形,紫褐色。叶片椭圆卵形或椭圆长圆形,偶见倒卵形,**边缘有刺芒状尖锐锯齿**。托叶膜质,**边缘具腺齿**。花单生于叶腋,花梗短粗。花瓣倒卵形,淡粉红色。单花直径 2.5～3 cm。萼筒钟状无毛,萼片三角披针形,边缘有腺齿。果实长椭圆形,果梗短,暗黄色,长 10～15 cm,木质,味芳香。花期 4～5 月,果期 9～10 月。

生态习性:分布于山东、陕西、河南、湖北、江西、安徽、江苏、浙江、广东、广西等地。信阳多分布于村旁、路旁、林旁。喜温暖湿润的环境,耐干旱瘠薄,对土壤要求不严。

景观应用:春季观花,秋季观果。常用于庭院树种、行道树,或孤植、列植于公园、绿地作主景树,亦可用作盆景材料。

9. 湖北海棠 *Malus hupehensis*（Pamp.）Rehder.

识别要点:乔木,小枝有短柔毛,**老枝紫色至紫褐色**。冬芽卵形,暗紫色。叶片卵形至卵状椭圆形,边缘有细锐锯齿,多呈紫红色。花瓣倒卵形,长约 1.5 cm,**粉白色或近白色**,通常 4～6 朵花组成伞房花序,单花直径 3.5～4 cm,花梗长 3～6 cm。萼片三角卵形,略带紫色。果实椭圆形或近球形,**黄绿色带红晕**,直径约 1 cm,果梗长 2～4 cm,**无宿存的萼片**。花期 4～5 月,果期 8～9 月。

生态习性:分布于湖北、湖南、江西、江苏、浙江、安徽、福建、广东、甘肃、陕西、河南、山西、山东、四川、云南和贵州等地。信阳有分布。喜光,喜温暖湿润的环境,较耐湿也耐旱,喜中性和微酸性土壤,有一定的抗寒、抗盐能力。

景观应用:春季赏花,秋季赏果,优良的庭院树种或孤植、列植、混植于公园、绿地作景观配置。

10. 皱皮木瓜 *Chaenomeles speciosa*(Sweet)Nakai

识别要点:落叶灌木。枝条直立开展,**有刺**,小枝圆柱形,**紫褐色**或黑褐色,有疏生浅褐色皮孔。叶片卵形至椭圆形,偶见长椭圆形,边缘具有尖锐锯齿。花瓣倒卵形或近圆形,**猩红色**,稀淡红色或白色,单花直径 3~5 cm,**花梗短粗**,3~5 朵簇生于二年生老枝上。萼筒钟状无毛。萼片直立,半圆形,稀卵形。果实球形或卵球形,黄色或带黄绿色,**单果直径 4~6 cm**,味芳香,果梗短或无。花期 3~5 月,果期 9~10 月。

生态习性:分布于陕西、甘肃、四川、贵州、云南、广东等地。信阳有栽培。适应性强,喜光,也耐半阴,耐寒,耐旱。对土壤要求不严,怕积水、怕盐碱。

景观应用:春季观花,夏秋赏果,常用作庭院树种,或孤植、列植、散植、混植于公园、绿地等作景观配置。

11. 海棠花 *Malus spectabilis*(Ait.)Borkh

识别要点:落叶乔木,小枝粗壮,截面呈圆形,幼枝具短柔毛,老枝呈红褐色或紫褐色,无毛。叶互生,呈椭圆形至长椭圆形,长 5~8 cm,宽 2~3 cm,边缘有细锯齿,幼嫩时上下两面具稀疏短柔毛,后脱落,老叶无毛。花瓣5,白色,呈卵形,**基部有短爪**,通常由 4~6 朵花组成近伞形花序,花开放后淡粉色,单瓣或重瓣,直径 4~5 cm。果实球形或卵形,**基本无凹陷,有宿存的花萼**,直径 2 cm,黄色。花期 4~5 月,果期 8~9 月。

生态习性:分布于山东、陕西、湖北、江西、安徽、江苏、浙江、广东、广西等地。信阳有栽培。喜阳光,不耐阴,耐寒,耐旱,耐碱,怕水。

景观应用:优良的观花赏果树种,常用于庭院树、行道树或景观配置树种,亦可作盆景材料。

12.西府海棠 *Malus micromalus*

识别要点:落叶**小乔木**,树形峭立。小枝细弱,圆柱形,枝干紫红色或暗褐色,具稀疏皮孔。冬芽卵形,暗紫色。叶片长椭圆形或椭圆形,边缘有尖锐锯齿。托叶膜质早落。**花瓣粉红色**,近圆形或长椭圆形,长约1.5 cm,基部有短爪。花直径约4 cm,通常由4~7朵花组成伞形总状花序,集生于小枝顶端,花梗长2~3 cm,嫩时被长柔毛,逐渐脱落。萼筒与萼片被白色茸毛。果实红色,近

球形,**基部四陷**,直径2~2.5 cm,萼洼梗洼均下陷,萼片多数脱落。花期4~5月,果期8~9月。

生态习性:分布于辽宁、河北、山西、山东、陕西、甘肃、云南等地。信阳有栽培。喜阳光,耐干旱,耐寒,怕水湿。

景观应用:优良的庭院树种,或孤植、列植、散植、片植于公园、绿地作景观配置,亦可作盆景材料。

13.垂丝海棠 *Malus halliana* **Koehne**

识别要点:落叶小乔木,树冠开展。小枝细弱微曲,**呈紫色或紫褐色**。冬芽卵形,紫色。叶片卵形或椭圆形至长椭卵形,质较厚实,表面有光泽。花粉红色,由4~6朵花,组成伞房花序,花序中常有1~2朵花无雌蕊,**花梗细弱**,长2~4 cm,**下垂**,有稀疏柔毛,紫色。花瓣倒卵形,基部有短爪。萼筒外面无毛,萼片三角卵形,常在5数以上。**果实小**,梨形或倒卵形,略呈紫色,直径6~8 mm,果梗长2~5 cm。花期3~4月,果期9~10月。

生态习性:分布于江苏、浙江、安徽、陕西、四川和云南。信阳有栽培。喜温暖湿润的环境,喜阳光,较耐寒,对土壤要求不严,怕干旱。

景观应用:观花观果树种,常用于庭院绿化,或孤植、散植、片植于公园、绿地作景观配置,亦可作盆景材料。

14.北美海棠 *Malus* 'American'

识别要点:落叶小乔木,树形圆丘状,分枝多变,互生直立悬垂,**新干呈棕红色**、黄绿色,老干灰棕色,有光泽。花色繁多,常见白色、粉色、红色、鲜红色,具芳香。果实**扁球形**,多红色、黄色或橙色。花期4月上旬,5月长出新叶,色彩艳丽,果期7~8月,宿存果的观赏期可一直持续到翌年3~4月。

生态习性:原产北美洲。信阳有引种栽培。适应性强,耐寒,耐瘠薄。

景观应用:优良的观花观果树种,常用于庭院观赏,或孤植、散植、片植于公园、绿地作景观配置。

15.杜梨 *Pyrus betulifolia* Bunge

识别要点:落叶乔木,树冠开展,**具枝刺**。**小枝密被茸毛**,二年生枝条近于无毛呈紫褐色。冬芽卵形。叶片菱状卵形至长圆卵形,边缘有粗锐锯齿,**幼叶上下两面均密被灰白色茸毛**。叶柄有茸毛,托叶膜质。花白色,花瓣宽卵形,单花直径1.5~2 cm,通常由10~15朵花组成伞形总状花序,总花梗和花梗均被灰白色茸毛,花梗长2~2.5 cm。苞片被茸毛,早落。萼筒与萼片密被茸毛。果实近球形,**褐色**,直径5~10 mm,有淡色斑点,萼片脱落,基部具带茸毛果梗。花期4月,果期8~9月。

生态习性:分布于辽宁、河北、河南、山东、山西、陕西、甘肃、湖北、江苏、安徽、江西等地。信阳有分布。适生性强,喜光,耐寒、耐瘠薄、耐旱、耐涝,在中性土及盐碱土上均能正常生长。

景观应用:可作庭院观赏、行道树,或孤植、列植或片植于公园、绿地作景观配置。

16. 豆梨 *Pyrus calleryana* Decne.

识别要点：落叶乔木，**常具有枝刺**。小枝粗壮，圆柱形，老枝呈灰褐色。冬芽三角卵形。叶片宽卵形至卵形，稀长椭卵形，边缘有钝锯齿。**叶片及叶柄无茸毛**。托叶叶质，线状披针形。花瓣卵形，白色，长约13 mm，多见 6～12 朵花组成伞形总状花序，单花直径 4～6 mm。花梗长 1.5～3 cm。苞片膜质，线状披针形。萼筒无毛，萼片披针形。果实球形，直径约 1 cm，**黑褐色**，有斑点，萼片脱落，2(3)室，有细长果梗。花期 4 月，果期 8～9 月。

生态习性：分布于山东、河南、江苏、浙江、江西、安徽、湖北、湖南、福建、广东、广西、云南等地。信阳有分布。喜光、稍耐阴，耐旱、耐瘠薄，碱性土壤也能生长，怕寒冷。

景观应用：可作庭院观赏、行道树，或孤植、列植或片植于公园、绿地作景观配置。

17. 野蔷薇 *Rosa multiflora* Thunb.

识别要点：落叶攀缘灌木。茎细长，无毛，有刺。奇数羽状复叶，互生，**小叶 5～7 个**，倒卵形或椭圆形，边缘有尖锐单锯齿，表面无毛，背面沿中脉被柔毛。叶柄和叶轴均被柔毛和腺毛，**疏生钩刺，托叶栉齿状分裂**。花瓣倒卵形，先端微凹。花白色或粉红色，直径 2.5～3.5 cm，**花柱结合成束，花朵密集**呈伞房花序。花梗长 2～3 cm，无毛或有腺毛。苞片栉齿状，萼裂片卵形或三角状卵形。果实球形，红色，直径约 8 mm。花期 5～6 月。果熟期 8～9 月。

生态习性：分布于华北、华中、华东、华南及西南地区，主产黄河流域以南各省区的平原和低山丘陵。信阳广泛分布于沟边、溪边或沟谷杂木林中。喜湿润环境，喜光也耐阴，耐寒，对土壤要求不严。

景观应用：常用作花篱或公园、绿地作景观配置。

18. 玫瑰 *Rosa rugosa* **Thunb.**

识别要点:落叶灌木,茎粗壮,直立丛生,小枝**密被茸毛**,并**有针刺和腺毛**,有皮刺。奇数羽状复叶,小叶片椭圆形或椭圆状倒卵形,**叶面有褶皱**,边缘有尖锐锯齿,叶脉下陷。叶柄和叶轴密被茸毛和腺毛。托叶大部贴生于叶柄,离生部分卵形,边缘有带腺锯齿,下面**被茸毛**。花单生于叶腋,或数朵簇生,花瓣倒卵形,重瓣至半重瓣,紫红色,气味芳香,单花直径 4 ~ 5.5 cm。苞片卵形,萼片卵状披针形。果实扁球形,**砖红色**,直径 2 ~ 2.5 cm,肉质,萼片宿存。花期 5 ~ 8 月,果期 7 ~ 10 月。

生态习性:分布于北京、江西、四川、云南、青海、陕西、湖北、新疆、湖南、河北、山东、广东、辽宁、江苏、甘肃、内蒙古、河南、山西、安徽和宁夏等地。信阳有栽培。喜光,耐干旱,耐寒,对土壤要求不严。

景观应用:常用于花篱、庭院观赏或地被植物,亦可丛植、片植于公园、绿地作景观配置。

19. 七姊妹 *Rosa multiflora* **Thunb. var.** *carnea* **Thory**

识别要点:**攀缘灌木**,小枝圆柱形,有短而弯曲的皮刺。叶互生,奇数羽状复叶,具托叶,小叶有锯齿,**托叶篦齿状**。花瓣宽倒卵形,先端微凹。**花柱结合成束**,比雄蕊稍长。花朵**重瓣**,深粉色,多朵排成圆锥状花序,每花直径 1.5 ~ 2 cm。萼片披针形,有时具 2 个线形裂片。果实球形,红褐色或紫褐色,直径 6 ~ 8 mm。

生态习性:分布于华北、华中、华东、华南及西南地区,主产黄河流域以南各省区的平原和低山丘陵。信阳有栽培。喜阳光,耐寒、耐旱、耐水湿,适应性强,对土壤要求不严。

景观应用:常用于花篱或庭院观赏,也可用于廊、架等垂直绿化。

20. 缫丝花 *Rosa roxburghii* **Tratt.**

识别要点:灌木,树皮灰褐色,成片状剥落。小枝圆柱形,斜向上升,有基部稍扁而成对皮刺。一回羽状复叶,**小叶 9 ~ 15**,小叶片椭圆形或长圆形,稀倒卵形,边缘有细锐锯齿,托叶大部贴生于叶柄,离生部分呈钻形,边缘有腺毛。花瓣重瓣至半重瓣,淡红色或粉红色,微香,倒卵形,外轮花瓣大,内轮较小。花柱离生,短于雄蕊。花单生或 2 ~ 3

朵,生于短枝顶端,单花直径 5 ~ 6 cm。花梗短。果实扁球形,直径 3 ~ 4 cm,绿红色,**外面密生针刺**。萼片宿存,直立。花期 5 ~ 7 月,果期 8 ~ 10 月。

生态习性:分布于陕西、甘肃、江西、安徽、浙江、福建、湖南、湖北、四川、云南、贵州、西藏等地。信阳多分布于沟边、溪边或沟谷杂木林中。喜欢温暖湿润和阳光充足的环境,耐寒,耐阴,对土壤要求不严。

景观应用:庭院观赏或用作花篱,或丛植、片植于公园、绿地作景观配置。

21. 黄刺玫 *Rosa xanthina* **Lindl.**

识别要点:蔷薇科蔷薇属,落叶灌木,株高 1 ~ 3 m。小枝褐色或褐红色,无毛,**有散生皮刺**。叶片宽卵形或椭圆形,多为奇数羽状复叶,常 7 ~ 13 枚,边缘有圆钝锯齿。**花单生于叶腋,花瓣黄色**,宽倒卵形,重瓣或半重瓣。果近球形,紫褐色。花期 4 ~ 6 月,果期 7 ~ 8 月。

生态习性:分布于吉林、辽宁、内蒙古、河北、山西、陕西、甘肃、青海等地。信阳有栽培。喜光,耐寒,耐旱,对土壤要求不高,耐瘠薄,不耐水涝,少病虫害。

景观应用:早春时繁花满枝,颇为壮观,常作花篱,或丛植、片植于公园、绿地作为景观配置。

22. 月季花 *Rosa chinensis* Jacp.

识别要点：落叶灌木，株高1~2m。小枝绿色，有稀疏**短粗的钩状皮刺**，无毛。羽状复叶，广卵形或卵状长圆形，**小叶3~5枚**，稀7枚，边缘有锐锯齿，两面近无毛，叶片有光泽。花数朵集生，稀单生，花瓣重瓣至半重瓣，由内向外，呈发散型，色彩丰富艳丽，有红、粉、黄、白等色，花柄长，**花柱散生不成束**。自然花期4~9月。

生态习性：分布于湖北、四川和甘肃等地。信阳有栽培。适应性强，性喜光喜温，空气流通，耐寒、抗旱，对土壤要求不严，但以微酸性、排水良好的土壤较为适宜。

景观应用：著名观赏花卉，花期长，品种多，常用作花篱或廊、架等垂直绿化，或丛植、片植于庭院、公园、绿地观赏，亦可建造专类园。

23. 市香花 *Rosa banksiae* Aiton.

识别要点：**半常绿木质藤木**，高可达6m。小枝红褐色，无毛有短小皮刺，老枝上的皮刺较大且坚硬。奇数羽状复叶，叶片椭圆状卵形或长圆披针形，**小叶3~5枚**，稀7枚，边缘有紧贴细锯齿，托叶线状披针形，**离生**。花小形，数朵成伞形花序，花白色或黄色，花瓣重瓣至半重瓣，倒卵形，花期4~5月。

生态习性：分布于云南、四川、贵州、湖北、甘肃、河南、江苏等地。信阳有栽培。喜光，较耐寒，喜湿润，但忌积水。对土壤要求不高，耐瘠薄，但栽植在排水良好的肥沃润湿地中则生长更好。

景观应用：是极好的垂直绿化材料，适用于布置花柱、花架、花廊和墙垣。

24. 山楂 *Crataegus pinnatifida* **Bunge.**

识别要点:落叶乔木,高可达 6 m。树皮粗糙,暗灰色或灰褐色。叶片宽卵形或三角状卵形,稀菱状卵形,5~9 **羽状深裂**,边缘有尖锐重锯齿。多组成伞房花序,花白色,花瓣近圆形。果实小,直径 0.8~1.5 cm,近球形或梨形,深红色,**有浅色斑点**。花期4~5月,果期9~10月。

生态习性:分布于黑龙江、吉林、辽宁、内蒙古、河北、河南、山东、山西、陕西、江苏等地。信阳有栽培。喜光、耐阴,喜凉爽、耐寒、耐高温,耐旱。对土壤要求不高,耐瘠薄,但栽植在排水良好的微酸性沙壤土上则生长更好。

景观应用:观花观果树种,常用于庭院观赏,或公园、绿地作景观配置,可孤植、列植或散植。

25. 山里红 *Crataegus pinnatifida* **Bunge var.** *major* **N. E. Br**

识别要点:蔷薇科山楂属,山楂变种,落叶小乔木,高可达 6 m。树皮灰色或灰褐色。叶片大,宽卵形或三角状卵形,稀菱状卵形,3~7 **羽状裂,分裂较浅**,边缘重锯齿。多组成伞房花序,花白色,花瓣近圆形。比山楂果实大,**果直径可达** 2.5 cm,近球形,鲜红色,有浅色斑点。花期5~6月,果期9~10月。

生态习性:分布于黑龙江、吉林、辽宁、内蒙古、河北、河南、山东、山西、陕西、江苏等地。信阳有栽培。喜光、耐阴,耐寒,耐干旱。对土壤要求不高,耐瘠薄。

景观应用:观花观果树种,常用于庭院观赏,或孤植、列植或散植于公园、绿地作景观配置。

26. 石楠 *Photinia serrulata* Lindl.

识别要点：蔷薇科石楠属，**常绿小乔木或灌木**，高 3~6 m，有时可达 12 m。枝灰褐色，无毛。叶片革质、表面光亮，深绿色，叶片**长椭圆形**、长倒卵形或倒卵状椭圆形，边缘有**腺状细锯齿**。复伞房花序顶生，花小而密，直径 6~8 mm，白色，花瓣近圆形。果实球形，直径 5~6 mm，红色，后成褐紫色。种子卵形，棕色，平滑。花期 4~5 月，果期 10~11 月。

生态习性：分布于陕西、甘肃、河南、江苏、安徽、浙江、江西、湖南、湖北、福建、台湾、广东、广西、四川、云南、贵州等地。信阳有栽培。喜光、稍耐阴，喜温暖湿润气候，深根性，对土壤要求不高，耐瘠薄。

景观应用：观花观果树种。常作为绿篱，或孤植、列植用于公园、绿地作景观配置，亦可修剪造型。

27. 椤木石楠 *Photinia davidsoniae* Rehd.

识别要点：常绿乔木，高 6~15 m，**枝上常有刺**。幼枝黄红色，后成紫褐色，有稀疏平贴柔毛，老时灰色，无毛。叶片革质、表面光亮，叶片长圆形、倒披针形，或稀为椭圆形，**边缘稍反卷**，边缘有刺状齿。复伞房花序顶生，花较石楠花较大，直径 10~12 mm，白色，花瓣近圆形。果实球形或卵形，较石楠果实稍大，直径 7~10 mm，黄红色。种子卵形，褐色。花期 5 月，果期 9~10 月。

生态习性：分布于陕西、江苏、安徽、浙江、江西、湖南、湖北、四川、云南、福建、广东、广西等地。信阳有栽培。喜光、耐阴，喜温暖湿润和阳光充足的环境，耐旱，不耐水湿，耐贫瘠，对土壤要求不严。

景观应用：叶、果、花均可观赏。常用作行道树或公园、绿地主景树，可孤植、列植或散列。

28. 红叶石楠 *Photinia fraseri* ' Red Robin'

识别要点：杂交种，常绿小乔木或灌木，乔木高 6 ~ 15 m，灌木高 1.5 ~ 2 m。叶片革质、表面光亮，**新叶鲜红色**。

生态习性：分布于亚洲东南部与东部和北美洲的亚热带和温带地区。信阳广泛栽培。喜阳光充足、温暖潮湿的环境，尤其在直射光照下，叶片色彩更为鲜艳，但对气温要求宽松，耐低温。耐旱，不耐水湿。耐瘠薄，喜微酸性沙质土壤，但是在红壤或黄壤中也可以正常生长。

景观应用：观叶植物，常用作绿篱，有"绿篱之王"的美称，也可用于色块、色带拼图或修剪造型用于公园、绿地等作景观配置。

29. 梅 *Prunus mume.*

识别要点：落叶灌木或小乔木，高 4 ~ 10 m，**常具枝刺**。树皮灰褐色，**小枝绿色**，光滑无毛。叶片卵形或椭圆形，细锯齿。花先于叶开放，见花不见叶，花芽着生在长枝的叶腋间，花单生或有时 2 朵并生，花瓣倒卵形，香味浓，原种粉白色或白色，栽培品种则有紫、红、浅斑至淡黄等花色，也有重瓣品种，花期冬春季。

生态习性：分布于长江流域以南各省，江苏北部和河南南部也有少数品种。信阳有栽培或野生。阳性树种，喜光照充足、通风良好的环境，对温度非常敏感，喜温暖气候，若遇低温，开花期延后。耐旱，怕积水，耐贫瘠，对土壤要求不严。

景观应用：梅花是中国十大名花之一，是著名的庭院观赏树种，或孤植、列植、散植、片植于公园、绿地等作景观配置，也可建造专类园，也是重要的盆景材料。

30. 杏 *Prunus armeniaca* L.

识别要点:**落叶乔木**,高 5 ~ 10 m。**一年生枝浅红褐色**,光泽无毛,多年生枝浅褐色,树皮粗糙皮孔大而横生。叶宽卵形或卵圆形,边缘有圆钝锯齿。花先于叶开放,单生,花瓣圆形或倒卵形,白色或白色带红,花蕊黄白色。果实球形,白色、黄色或黄红色,常具红晕,微被短柔毛,果核沿腹缝有沟。果肉多汁,成熟时不开裂。花期 3 ~ 4 月,果期 6 ~ 7 月。

生态习性:分布于华北、西北和华东地区。信阳有分布。阳性树种,深根性、喜光、耐寒、耐旱、极不耐涝,对土壤适应性强,可在轻盐碱地上栽植,寿命可达百年以上。

景观应用:早春花木,先花后叶,有"南梅、北杏"之称。优良庭院树种,或孤植、列植、片植于公园、绿地作景观配置。

31. 榆叶梅 *Prunus triloba* Lindl.

识别要点:落叶灌木,高 2 ~ 5 m。**小枝紫褐色或褐色**,枝条开展,多短小枝,无毛或幼时微被短柔毛。叶片宽椭圆形或倒卵形,上面具疏柔毛或无毛,下面被短柔毛,**叶边具粗锯齿或重锯齿**。花先于叶开放,花瓣粉红色,倒卵形或近圆形。果实近球形,红色,**外被短柔毛**。果肉薄,成熟时开裂。花期 4 ~ 5 月,果期 7 ~ 8 月。

生态习性:分布于黑龙江、吉林、辽宁、内蒙古、河北、山西、陕西、甘肃、山东、江西、江苏、浙江等地。信阳有栽培。阳性树种,喜光,耐寒,不怕水涝(抗旱、不耐涝),对土壤要求不严,抗盐碱。

景观应用:常见绿化观花灌木树种。常用于庭院观赏,或用作花篱及景观配置,亦可盆栽观赏。

32.美人梅 *Prunus blireana* 'Meiren'

识别要点:落叶小乔木,杂交树种。叶片**卵圆形,紫红色**,叶缘细锯齿。花大重瓣,先花后叶,淡紫色,花期3月至4月中旬。果实近球形,鲜紫红色。

生态习性:广泛分布于南方各地。信阳有栽培。阳性树种,喜光,抗寒性强,耐旱,不耐水涝,对土壤要求不严,耐瘠薄,可在微酸性、轻盐碱地栽植。

景观应用:美人梅叶色亮红且独特,观赏价值高。常用于庭院观赏和园林景观配置,亦可作盆景材料。

33.桃 *Prunus persica*(L.)Batsch.

识别要点:落叶小乔木,高3~8 m。小枝绿色,无毛有光泽。叶片**披针形**、椭圆披针形或倒卵状披针形,先端渐尖,叶边密生细锯齿。花单生或2朵并生,先于叶开放,花瓣长圆状椭圆形至宽倒卵形,粉红色,罕为白色,花梗极短或几无梗,花蕊紫红色。果实卵球形,色泽变化由淡绿白色至橙红色,**外面密被短柔毛**,腹缝明显。花期3~4月,果熟6~9月。

生态习性:分布于华北、华东各地。信阳有分布。阳性树种,喜光,耐寒、耐热、耐旱,不耐积水,不耐碱土、黏重土。

景观应用:早春观花树种,优良的庭院树种,可孤植、群植、列植于公园、绿地、水滨等作景观配置,亦可片植营造景观林。

34. 红碧桃　*Prunus persica*（L.）**Batsch. f.** *rubro-plena* **Schneid.**

识别要点:蔷薇科李属,落叶乔木。**花重瓣或半重瓣**,似牡丹形,多为**亮红色**,着花密,花期 4 月中下旬。其他同原种。

生态习性:原产我国。信阳有栽培。喜光,喜温,忌燥热,怕湿涝。

景观应用:花大色艳,似牡丹,花瓣重重叠叠,观赏价值高,优良的庭院观赏树种和园林景观树种,可用于山坡、水畔、石旁、墙际、庭院、草坪作景观点缀,也可作盆景材料。

35. 白花碧桃　*Prunus persica*（L.）**Batsch. f.** *alboplena.* **Schneid.**

识别要点:蔷薇科李属,落叶乔木。**花单瓣或重瓣**,白色,密生。

生态习性:分布于华北、华东、西南等地。信阳有栽培。喜光,喜温,耐旱,怕湿涝。

景观应用:花大色白,早春开花层层叠叠,雪白一片,是优良的庭院观赏树种和园林景观树种,可列植、片植、孤植于山坡、湖滨、墙际、庭院、草坪作景观配置,也可作盆景材料。

36. 紫叶桃 *Prunus persica*（L.）Batsch. f. *atropurpurea.* Schneid.

识别要点:落叶乔木,高3~8 m。**树皮暗红褐色**,老时粗糙呈鳞片状,小枝绿色,向阳处转变成红色,无毛,有光泽。**叶片紫红色**,后渐渐变为近绿色。花单瓣或重瓣,粉红或大红色。果实卵形或宽椭圆形。花期3~4月,果实成熟期因品种而异,通常为8~9月。

生态习性:原产我国。信阳有栽培。阳性树种,喜光,耐旱,不耐积水,喜排水良好的土壤。

景观应用:叶紫花红,色彩独特,优良的庭院观赏树种和园林景观树种,可列植、片植、孤植于山坡、湖滨、墙际、庭院、草坪作景观配置。

37. 中华绣线菊 *Spiraea chinensis* Maxim.

识别要点:落叶灌木,高可达3 m。**小枝呈拱形弯曲**,幼时褐色,被黄色茸毛,老时暗红色。叶片菱状卵形至倒卵形,先端急尖或圆钝,边缘中部以上有缺刻状粗锯齿,稀微3裂,上面暗绿色,被短柔毛,脉纹深陷,**下面密被黄色茸毛**,脉纹突起。伞形花序,花瓣近圆形,花盘波状圆环形或具不整齐的裂片,白色,花期4~5月。

生态习性:分布于内蒙古、河北、河南、陕西、湖北、湖南、安徽、江西、江苏、浙江、贵州、四川、云南、福建、广东、广西等地。信阳多分布于向阳的山坡、沟谷或溪旁。生长力很强,耐寒、耐旱,对土壤要求不严,耐瘠薄。

景观应用:观花灌木,花朵繁茂,一片雪白。常用作绿篱,或丛植、片植于山坡、石边、水边、草坪角隅或建筑物前后,起到点缀作用。

38. 麻叶绣线菊 *Spiraea cantoniensis* Lour.

识别要点：落叶灌木，高可达 1.5 m。小枝细瘦，呈拱形弯曲，幼时褐色，无毛。叶片菱状披针形至菱状长圆形，先端急尖，边缘**中部以上有缺刻状锯齿**，表面深绿色，下面灰绿色，**两面无毛**，有羽状叶脉。伞形花序，花瓣近圆形或倒卵形，白色，花期 4～5 月。

生态习性：分布于广东、广西、福建、浙江、江西、河北、河南、山东、陕西、安徽、江苏、四川等地。信阳多分布于向阳的山坡、沟谷或溪旁。喜光、喜温，稍耐寒、耐旱，不耐水涝。

景观应用：观花灌木，常用作绿篱或丛植、片植于山坡、水畔、草坪角隅或建筑物前后，起到点缀作用。

39. 绣球绣线菊 *Spiraea blumei* G. Don.

识别要点：落叶灌木，高可达 2 m。小枝细瘦，呈拱形弯曲，无毛。叶片菱状卵形，先端圆钝或微尖，边缘中部以上具**圆钝缺刻状锯齿**，或 3～5 浅裂，两面无毛。伞形花序，花瓣近圆形或倒卵形，白色，花期 5～6 月。

生态习性：分布于我国辽宁、河北、山东、山西、河南、安徽、广西等地。信阳多分布于向阳的山坡、沟谷或溪旁。喜光、稍耐阴、耐寒、耐旱，不耐水涝，耐瘠薄，对土壤要求不严。

景观应用：观花灌木，枝叶繁密，花朵小巧密集，常用作绿篱，或丛植、片植于公园、绿地作景观配置。

40. 李叶绣线菊 *Spiraea prunifolia* Sieb. et Zucc.

识别要点：落叶灌木。小枝细长，稍有棱角，微生短柔毛或近于光滑。叶卵形至**长圆披针形**，先端尖，缘有**小齿**，叶背光滑或有细短柔毛。叶柄被短柔毛。伞形花序无总梗，具花 3 ~ 6 朵，花梗长 6 ~ 10 mm，有短柔毛。花重瓣，**白色**，直径达 1 cm。花期 3 ~ 5 月。冬芽小，卵形，无毛，有数枚鳞片。

生态习性：分布于陕西、山东、湖北、江苏、浙江、江西、安徽、贵州、四川等地。信阳多分布于海拔 500 m 以下的灌丛林中。喜阳光和温暖湿润土壤，尚耐寒。

景观应用：初夏观花，秋季观叶。可丛植、片植于山坡、水岸、湖旁、石边、草坪角隅或建筑物前后，用作花境，也可用作绿篱。

41. 华北绣线菊 *Spiraea fritschiana* Schneid.

识别要点：落叶灌木。枝条粗壮，**小枝有角棱**，有光泽，无毛，紫褐色或浅褐色。叶卵形或椭圆状长圆形，先端急尖或渐尖，基部宽楔形，**叶缘有锯齿**。叶柄幼时具短柔毛。复伞房花序顶生于当年生直立新枝上，花萼筒钟状，内面密被短柔毛。花瓣倒卵形，先端圆钝，白色，在芽中呈粉红色。蓇葖果几直立，开张，无毛或仅沿腹缝有短柔毛，花柱近顶生，斜展，常具反折萼片，花柱短于雄蕊。花期 5 ~ 6 月，果熟期 8 ~ 9 月。

生态习性：分布于河北、山东、陕西、湖北、江苏、浙江等地。信阳多分布于山坡灌丛林或沟边。耐寒、耐旱、耐瘠薄，生长力很强。

景观应用：可丛植、片植于山坡、水岸、湖旁、石边、草坪角隅或建筑物前后，用作花境，也可用作绿篱。

42. 金焰绣线菊 *Spiraea × bumalda* 'Gold Flame'

识别要点：落叶灌木。老枝黑褐色,新枝黄褐色,枝条呈折线状。单叶互生,边缘具**尖锐重锯齿**,羽状脉。枝叶较松散,呈球状,叶色鲜艳夺目,**幼叶黄红相间**,夏季叶色绿,秋季叶紫红色。叶柄短,无托叶。花两性,**浅粉红色**,复伞房花序,萼筒钟状,萼片5,花瓣5,圆形较萼片长,雄蕊长于花瓣。花期5~10月。蓇葖果5,常沿腹缝开裂。

生态习性：原产美国。信阳有引种栽培。喜中性及微碱性土壤,耐瘠薄,但在排水良好、土壤肥沃之处生长更繁茂。

景观应用：建植大型图纹、花带、彩篱等园林造型,布置花坛、花境,点缀园林小品。

43. 金山绣线菊 *Spiraea × bumalda* 'Gold Mound'

识别要点：落叶灌木,枝叶紧密,冠形球状整齐。单叶互生,**菱状披针形**,边缘具尖锐重锯齿,叶面稍粗糙。具短叶柄,无托叶。**新叶金黄色**,夏叶浅绿色,秋叶金黄色。花两性,**浅粉红色**,伞房花序,萼筒钟状,花瓣5,萼片5,圆形较萼片长,雄蕊长于花瓣。花期6月中旬至8月上旬。

生态习性：原产北美。信阳有引种栽培。对土壤要求不严,但以深厚、疏松、肥沃的壤土为佳。喜光,不耐阴。较耐旱,不耐水湿,抗高温,耐寒。

景观应用：常用作地被植物,或配置成色块、色带,也可以作绿篱或花境、花坛植物。

44. 珍珠绣线菊　*Spiraea thunbergii* Sieb.

识别要点:落叶灌木。枝条细长开张,呈弧形弯曲,小枝有棱角。幼时被短柔毛。**叶线状披针形**,先端长渐尖,基部狭楔形,边缘自中部以上有尖锐锯齿,两面光滑无毛,具羽状脉。**伞形花序无总梗**,**白色**,具花3~7朵,基部簇生数枚小形叶片。蓇葖果开张,无毛,花柱近顶生,稍斜展,具直立或反折萼片。花期4~5月,果期7月。

生态习性:原产华东地区。信阳有栽培。喜光,不耐荫蔽,耐寒。喜生于湿润、排水良好的土壤。

景观应用:花朵密集如雪,秋季叶变橘红色。可丛植、片植于山坡、水岸、湖旁、石边、草坪角隅或建筑物前后,用作花境,也可用作绿篱。

45. 菱叶绣线菊　*Spiraea vanhouttei*（Briot）Zabel

识别要点:灌木。小枝拱形弯曲。叶片**菱状卵形至菱状倒卵形**,先端急尖,基部楔形,**边缘有缺刻状重锯齿**,两面无毛,上面暗绿色,下面浅蓝灰色,伞形花序具总梗,有多花,基部具数枚叶片。苞片线形,花瓣近圆形,**白色**。蓇葖果稍开张,5~6月开花。

生态习性:分布于山东、江苏、广东、广西、四川等地。信阳有栽培。耐寒、耐旱、耐瘠薄,生长力很强。

景观应用:可丛植、片植于山坡、水岸、湖旁、石边、草坪角隅或建筑物前后,用作花境,也可用作绿篱。

46. 三裂绣线菊　*Spiraea trilobata* L.

识别要点:落叶灌木。小枝细瘦,**稍呈"之"字形开展。**叶近圆形,基部圆形,有时近心脏形,有深切裂,圆形,**通常3裂,**具掌状脉,叶背淡蓝绿色,无毛。伞形花序具总梗,多数白花密集。蓇葖果开张。花期5~6月,果期7~8月。

生态习性:分布于东北、华北及陕西(北部)、甘肃、新疆、安徽等地。信阳多分布于岩石向阳的灌丛林中。稍耐阴,半阴坡岩石细缝间野生甚多,生长健壮、迅速。

景观应用:可丛植、片植于山坡、水岸、湖旁、石边、草坪角隅或建筑物前后,用作花境,也可用作绿篱。

47. 土庄绣线菊　*Spiraea pubescens* Turcz.

识别要点:落叶灌木。小枝稍弯曲,嫩时褐黄色,老时灰褐色。叶菱状卵形至椭圆形,**叶缘自中部以上有深刻锯齿,**有时三裂,叶面有稀疏柔毛。叶柄被短柔毛。伞形花序具总梗,有花15~20朵。花梗无毛。花瓣卵形、白色。雄蕊约与花瓣等长。蓇葖果开张,仅在腹缝微被短柔毛,花柱顶生,稍倾斜展开或几直立。花期5~6月,果期7~8月。

生态习性:分布于黑龙江、吉林、辽宁、内蒙古、河北、河南、山西、陕西、甘肃、山东、湖北、安徽等地。信阳多分布于向阳的灌丛林或杂木林中。喜光、耐寒,喜水肥,对土壤要求不高,生长快,分枝力强。

景观应用:常作庭院观赏,或丛植、片植于山坡、水岸、湖旁、石边、草坪角隅或建筑物前后,用作花境,也可用作绿篱。

48. 水枸子　*Cotoneaster multiflorus* Bge.

识别要点:落叶灌木,高 2～4 m。枝条细长拱形,幼时有毛,后变光滑,紫色。叶片卵形或宽卵形,**全缘**,幼时背面稍有茸毛,后变光滑,**老叶无毛**。托叶线形,疏生柔毛。**花白色**,花瓣平展,近圆形,6～21 朵成聚伞花序,无毛。梨果近球形或倒卵形,红色。5～6 月开花,8～9 月结果。

生态习性:分布于东北、华北、西北及四川、贵州、西藏等地。信阳多分布海拔 500 m以下的沟谷杂木林中。耐寒,喜光,稍耐阴,对土壤要求不严,极耐干旱和贫瘠。喜排水良好的土壤,湿、涝洼常造成根系腐烂死亡。耐修剪。

景观应用:优美的观花观果灌木,常丛植、片植于庭院、公园、绿地等作景观配置,亦可作盆景材料。

49. 华中枸子　*Cotoneaster silvestrii* Pamp.

识别要点:落叶灌木,高 1～2 m。小枝细瘦,呈拱形弯曲,**棕红色**,嫩时具短柔毛,后脱落。叶椭圆形至卵形,先端急尖或钝圆,基部圆形或宽楔形,**全缘**,叶面无毛或被有灰色疏茸毛,**背面有灰色茸毛**。侧脉4～5对,上面微陷,下面突起。叶柄具茸毛。托叶线形,微具细柔毛,早落。3～7 朵成伞房花序,总花梗和花梗被细柔毛。**花白色**,裂片三角

形。花药黄色。果实近球形,红色。花期 5～6 月,果熟期 8～9 月。

生态习性:分布于湖北、安徽、江苏、四川、甘肃等地。信阳多分布于岩石陡坡、石缝、林缘。喜温暖湿润环境,耐贫瘠,适应性强。

景观应用:观花观果灌木,常丛植、片植于岩石园、庭院、公园、绿地等作景观配置,亦可作盆景材料。

50. 平枝栒子 *Cotoneaster horizontalis* Decne.

识别要点:半常绿匍匐灌木,高 0.5 m 以下。**小枝排成两列**,幼时被糙伏毛。叶近圆形或宽椭圆形,稀倒卵形,先端急尖,基部楔形,**全缘**,叶面无毛,背面有稀疏伏贴柔毛。叶柄被柔毛。托叶钻形,早落。花 1~2 朵顶生或腋生,近无梗。**花瓣粉红色**,倒卵形,先端圆钝。果近球形,鲜红色。花期 5~6 月,果期 9~10 月。

生态习性:分布于陕西、甘肃、四川、云南、贵州等地。信阳有栽培。喜温暖湿润的半阴环境,耐干燥和瘠薄的土壤,不耐湿热,有一定的耐寒性,怕积水。

景观应用:晚秋时叶色红色,红果累累,是布置岩石园、庭院、绿地和墙沿、角隅的优良材料,亦可制作盆景。

51. 毛樱桃 *Cerasus tomentosa*(Thunb.)Wall

识别要点:落叶灌木。小枝紫褐色或灰褐色,**幼枝密被茸毛**。叶卵状椭圆形或倒卵状椭圆形,先端急尖或渐尖,基部楔形,边有急尖或粗锐锯齿,**下面密被灰色茸毛**。叶柄被茸毛或脱落稀疏。托叶线形,被长柔毛。花单生或 2 朵簇生,花瓣白色或粉红色。核果圆或长圆,**近无柄**,鲜红或乳白。花期 4 月,稍先叶开放。果 5 月下旬至 6 月初成熟。

生态习性:分布于黑龙江、吉林、辽宁、内蒙古、河北、山西、陕西、甘肃、宁夏、青海、山东、四川、云南、西藏等地。信阳多分布于向阳山坡丛林中。性喜光,耐寒,耐干旱瘠薄及轻碱土。

景观应用:常用于庭院、公园、绿地、水畔等作景观配置,可孤植、列植或片植。

52. 郁李 *Cerasus japonica*（**Thunb.**）**Lois.**

识别要点：落叶灌木,高 1 ~ 1.5 m。**枝细密**,冬芽 3 枚,并生。**叶卵形或卵状披针形**,基部圆形,边有缺刻状**尖锐重锯齿**,无毛或仅背脉有短柔毛。托叶线形,边有腺齿。花粉红或近白色,春天与叶同放。核果近球形,深红色。花期 5 月,果期 7 ~ 8 月。

生态习性：分布于黑龙江、吉林、辽宁、河北、山东、浙江等地。信阳多分布于向阳的山坡或沟谷。性喜光,耐寒又耐干旱。

景观应用：宜丛植于草坪、山石旁、建筑物前。或点缀于庭院路边作为园林景观配植,也可作花篱栽植。

53. 重瓣麦李 *Cerasus glandulosa* **f.** *albiplena*

识别要点：灌木,**叶片长圆披针形或椭圆披针形**,有**细钝重锯齿**,托叶线形。花重瓣。核果红色。花期 3 ~ 4 月,果期 5 ~ 8 月。

生态习性：分布于山东、陕西、湖北、四川等地。信阳有栽培。喜光,较耐寒,适应性强,耐旱,也较耐水湿。

景观应用：常用于庭园观赏,或丛植于草坪、路边、假山旁及林缘作景观配置,也可作盆栽。

54. 山樱花 *Prunus serrulata* Lindl. var. *spontanea* Wils.

识别要点:落叶乔木,高 3~8 m,树皮灰褐色或灰黑色。小枝灰白色或淡褐色,无毛。叶卵状椭圆形或倒卵椭圆形。花序伞房总状或近伞形,有花 2~3 朵。花单瓣,形较小,径约 2 cm,白色,稀粉红色。核果球形或卵球形,**紫黑色**。花期 4~5 月,果期 6~7 月。

生态习性:分布于黑龙江、河北、山东、江苏、浙江、安徽、江西、湖南、贵州等地。信阳多分布海拔 500 m 以下的杂木林中。喜阳光,喜深厚肥沃而排水良好的土壤,对烟尘、有害气体及海潮风的抵抗力均较弱,有一定耐寒能力,根系较浅。

景观应用:山樱花花朵鲜艳亮丽,是早春观花树种。常用于行道树或景观树。

55. 日本晚樱 *Prunus lannesiana* Wils.

识别要点:落叶乔木,树皮银灰色,有锈色唇形皮孔。叶常为倒卵形,纸质,叶端渐尖**呈长尾状,叶缘具芒状齿**,叶柄上部有 1 对腺体。托叶线形,边有腺齿,早落。伞房花序总状或近伞形,花瓣粉色或近白色,倒卵形,先端下凹。核果球形或卵球形,**紫黑色**,有光泽。花期 4~5 月,果期 6~7 月。

生态习性:原产日本。信阳有引种栽培。浅根性树种,喜阳光、深厚肥沃而排水良好的土壤,有一定的耐寒能力。

景观应用:优良的观花树种,常用作行道树、庭院观赏树,或孤植、列植、散植或片植于公园、绿地等作景观配置,也可建造景观林。

56. 东京樱花　*Prunus ×yedoensis* **Matsum**

识别要点：落叶乔木,高 4～16 m,树皮暗褐色,平滑。小枝淡紫褐色,无毛,嫩枝绿色,被疏柔毛。叶片椭圆卵形或倒卵形,叶缘有**细尖重锯齿**。花序伞形总状,总梗极短,有花 3～4 朵,先叶开放,花单瓣,白色或粉红色,椭圆卵形,**先端下凹**,全缘二裂。核果近球形,**黑色**,核表面略具棱纹。花期 4 月,果期 5 月。

生态习性：原产日本。信阳有引种栽培。喜光、较耐寒,对土壤适应性较广。在土质黏重的土壤上栽培时,根系分布浅,不抗旱、不耐涝也不抗风。对盐渍化的程度反应很敏感,适宜的土壤 pH 值为 5.6～7,因此盐碱地区不宜种植樱花树。

景观应用：优良的观花树种,常用作行道树、庭院观赏树,或孤植、列植、散植或片植于公园、绿地等作景观配置,也可建造景观林。

57. 珍珠梅　*Sorbaria kirilowii*（**Regel**）**Maxim.**

识别要点：直立灌木,高达 2 m。枝条开展,小枝圆柱形,稍弯曲,幼时绿色,老时暗红褐色或暗黄褐色。冬芽卵形,紫褐色,具有数枚互生外露的鳞片。奇数羽状复叶,小叶对生,披针形至卵状披针形,**先端长渐尖**,基部圆形或宽楔形,边缘有**重锯齿**,背面通常无毛,羽状网脉。**顶生圆锥花序**,分枝近于直立,花瓣长圆形或倒卵形,白色。蓇葖果无毛,有顶生及弯曲花柱,果柄直立。萼片宿存,反折,稀开展。花期 5～6 月,果熟期 8～9 月。

生态习性：分布于辽宁、吉林、黑龙江、内蒙古、河北、江苏、山西、山东、河南、陕西、甘肃等地。信阳多分布于沟谷杂木林、沟谷边。喜阳光充足,耐阴,耐寒。喜肥沃湿润土壤。对环境适应性强,生长较快,萌蘖性强,耐修剪。

景观应用：优良的夏季观花灌木,常丛植于草坪边缘或水边、房前、路旁,也可栽植成花篱。

三十一、豆科

1.刺槐(洋槐) *Robinia pseudoacacia* Linn.

识别要点:高 10 ~ 25 m。树皮褐色,**浅裂至深纵裂**。小枝无毛或幼时有微毛,小叶 7 ~ 19 个,椭圆形、长圆形或卵形。**复叶基部常具成对托叶刺**。总状花序,长 10 ~ 20 cm,下垂。花梗长 7 ~ 8 mm。花萼斜钟状,三角形至卵状三角形。花冠白色,花柱钻形,上弯,顶端具毛,柱头顶生。荚果褐色,线状长圆形,扁平。种子褐色至黑褐色,近肾形,种脐圆形,偏于一端。花期 4 ~ 6 月,果期 8 ~ 9 月。

生态习性:原产美国。信阳有引种栽培。喜温暖湿润、阳光充足的环境,萌芽力和根蘖性强,不耐庇荫,抗风性差。

景观应用:常用作行道树、庭荫树或厂矿区绿化。

2.毛刺槐 *Robinia hispida* L.

识别要点:株高 1 ~ 3 m。幼枝密被紫红色硬腺毛和白色曲柔毛,二年生枝**密生褐色刚毛**,叶轴刚毛及白色短曲柔毛,上有沟槽,小叶 5 ~ 7 对,椭圆形、卵形、阔卵形至近圆形。总状花序腋生,花 3 ~ 8 朵,苞片卵状披针形,花萼紫红色,斜钟形,**花冠红色至玫瑰红色**,花瓣具柄,旗瓣近肾形。雄蕊二体,花药椭圆形,密布腺状突起,沿缝线微被柔毛,柱头顶生,胚珠多数,荚果线形,果颈短,有种子 3 ~ 5 粒。花期 5 ~ 6 月,果期 7 ~ 10 月。

生态习性:原产北美洲。信阳有引种栽培。喜光,适宜排水良好的沙质土壤,耐寒性较强,耐旱,不耐水湿。

景观应用:树冠浓密,花大,色艳丽,适于孤植、列植、丛植在疏林、草坪、公园及道路两旁作景观配置。

3. 香花槐 *Robinia pseudoacacia* **cv. Idaho**

识别要点:落叶乔木。株高10~12 m,树干为褐色至灰褐色。叶互生,7~19 片组成羽状复叶,**基部常有托叶刺**,叶椭圆形至卵状长圆形,长 3~6 cm。叶片美观对称,深绿色有光泽,青翠碧绿。密生成总状花序,作下垂状。**花被红色**,有浓郁的芳香气味,可以同时盛开小红花 200~500 朵。无荚果不结种子。侧根发达,种植当年可达 2 m,第 2 年可达 3~4 m,花期 5 月、7 月或连续开花。

生态习性:原产西班牙。信阳有引种栽培。性耐寒,耐干旱瘠薄,对土壤要求不严,在酸性、中性土及轻碱地上均能生长。主、侧根发达,萌芽性强,生长快,抗病力强。

景观应用:为稀有的绿化香花树种,常用作行道树、庭荫树,或孤植、列植、片植于公园、绿地、水畔等作景观配置。

4. 合欢 *Albizia julibrissin* **Durazz.**

识别要点:落叶乔木,高可达 16 m,树冠开展。小枝有棱角,嫩枝、花序和叶轴被茸毛或短柔毛。托叶线状披针形,早落。**二回羽状复叶**,小叶 10~30 对,线形至长圆形,长 6~12 mm,宽 1~4 mm,**向上偏斜**,先端有小尖头,有缘毛。**中脉紧靠上边缘**。头状花序于枝顶排成圆锥花序。**花粉红色**。花萼管状,长 3 mm。花冠长 8 mm,裂片三角形,长 1.5 mm,花萼、花冠外均被短柔毛。荚果带状,长 9~15 cm,宽 1.5~2.5 cm,嫩荚有柔毛,老荚无毛。花期 6~7 月。果期 8~10 月。

生态习性:主要分布于华东、华南、西南,黄河流域至珠江流域各地。信阳有分布。喜光、喜温、耐寒、耐旱,耐土壤瘠薄及轻度盐碱,对二氧化硫、氯化氢等有害气体有较强的抗性。

景观应用:常用于行道树、庭院观赏树,或孤植、列植、散植于公园、绿地、水畔等作景观配置。

5. 胡枝子 *Lespedeza bicolor* **Turcz**

识别要点:直立灌木,高 1 ~ 3 m,多分枝,小枝黄色或暗褐色,**有条棱**,被疏短毛。芽卵形,长 2 ~ 3 mm,具数枚黄褐色鳞片。**三出复叶**,小叶质薄,卵形、倒卵形或卵状长圆形,被疏柔毛,老时渐无毛。总状花序腋生,比叶长,常构成大型、较疏松的圆锥花序。花萼长约 5 mm,5 浅裂,裂片通常短于萼筒,上方 2 裂片合生成 2 齿。**花冠红紫色,旗瓣长于龙骨瓣**。子房被毛。荚果斜倒卵形,稍扁,表面具网纹,密被短柔毛。花期 7 ~ 9 月,果期 9 ~ 10 月。

生态习性:分布于黑龙江、吉林、辽宁、河北、内蒙古、山西、陕西、甘肃、山东、江苏、安徽、浙江、福建、台湾、河南、湖南、广东、广西等地。信阳有分布。耐旱、耐寒、耐瘠薄、耐酸性土、耐盐碱。对土壤适应性强,在瘠薄的新开垦地上可以生长。

景观应用:可用作绿篱或地被绿化,或丛植于公园、绿地、假山、水畔等作景观配置。

6. 美丽胡枝子 *Lespedeza formosa*

识别要点:直立灌木,高 1 ~ 2 m。多分枝,枝伸展,被疏柔毛。托叶披针形至线状披针形,长 4 ~ 9 mm,褐色,被疏柔毛,叶柄长 1 ~ 5 cm,被短柔毛,小叶椭圆形、长圆状椭圆形或卵形,稀倒卵形,两端稍尖或稍钝,上面绿色,下面淡绿色。总状花序单一,腋生,或构成顶生的圆锥花序,花冠红紫色,**旗瓣短于龙骨瓣**,先端圆,基部具明显的耳和瓣柄,翼瓣倒卵状长圆形,荚果倒卵形或倒卵状长圆形,表面具网纹且被疏柔毛。花期 7 ~ 9 月,果期 9 ~ 10 月。

生态习性:分布于河北、陕西、甘肃、山东、江苏、安徽、浙江、江西、福建、河南、湖北、湖南、广东、广西、四川、云南等地。信阳有分布。耐旱、耐高温、耐酸性土、耐土壤贫瘠,较耐荫蔽。在土层薄而贫瘠的山坡、砾石的缝隙中能正常生长发育。

景观应用:花色艳丽,可用作绿篱或地被绿化,或丛植于公园、绿地、假山、水畔等作景观配置。

7. 槐 *Sophora japonica*（**L.**）**Schott**

识别要点:落叶乔木,高达 25 m。树皮灰褐色,纵裂纹。**当年生枝绿色**,无毛。羽状复叶。叶轴初被疏柔毛,旋即脱净。叶柄基部膨大,包裹着芽。托叶形状多变,有时呈卵形,叶状,有时线形或钻状,早落。小叶 4 ~ 7 对。小托叶 2 枚,钻状。圆锥花序顶生,常呈金字塔形。花萼浅钟状,花冠白色或淡黄色。**荚果串珠状**,长 2.5 ~ 5 cm 或稍长,种子排列较紧密,肉质果皮,种子 1 ~ 6

粒。种子卵球形,淡黄绿色,干后黑褐色。花期 7 ~ 8 月,果期 8 ~ 10 月。

生态习性:分布于北部地区。信阳有栽培。喜光,稍耐阴,对中性、石灰性和微酸性土质均能适应。

景观应用:树冠优美,花芳香,常用作行道树、庭荫树,或孤植、列植、散植于公园、绿地作观赏树。

8. 龙爪槐 *Sophora japonica* **f.** *pendula* **Hort.**

识别要点:国槐的观赏品种,本变型主要特征为:树冠呈伞状,枝和小枝均扭曲下垂,并向不同方向弯曲盘悬,形似龙爪,其他特征同国槐。

生态习性:全国分布较广,华北和黄土高原地区尤为多见。信阳有栽培。喜光,稍耐阴。能适应干冷气候。深根性,根系发达,抗风力和萌芽力强。

景观应用:姿态优美,观赏价值较高,常用作门庭及道旁树、庭荫树,或置于草坪中作观赏树。

9.金叶槐 *Sophora japonica* **f. Golden Leaves**

识别要点:落叶乔木,为国槐的新观赏品种。小枝浅绿色,奇数羽状复叶互生,叶片金黄色。枝条在生长到50~80 cm 时出现较强的下垂性,落叶后枝条呈半黄半绿,向阳面为黄色,背阴面为绿色,其他特征同国槐。

生态习性:河北是主要产地之一。信阳有栽培。喜深厚、湿润、肥沃、排水良好的沙壤,对二氧化硫、氯气、氯化氢及烟尘等抗性很强。抗风力也很强。

景观应用:在整个生长季叶色均为金黄色,具有很高的观赏价值。是优良的城市绿化风景林绿化及公路绿化树种。

10.五叶槐 *Sophora japonica* **Linn. var.** *japonica* **f.** *oligophylla* **Franch.**

识别要点:乔木,高达25 m。树皮灰褐色,具纵裂纹。**当年生枝绿色**,无毛。羽状复叶长达25 cm,托叶形状多变,**复叶只有小叶1~2对**,集生于叶轴先端成为掌状,下面常疏被长柔毛。小托叶2枚,钻状。圆锥花序顶生,常呈金字塔形,长达30 cm,花冠白色或淡黄色,旗瓣近圆形,短柄,有紫色脉纹,先端微缺,基部浅心形。子房近无毛。荚果串珠状,长2.5~5 cm,径约10 mm,种

子间缢缩不明显,排列较紧密,肉质果皮,成熟后不开裂。种子卵球形,淡黄绿色,干后黑褐色。花期7~8月,果期8~10月。

生态习性:分布于北京等地。信阳有栽培。喜光、耐寒、耐干旱、耐烟尘、耐瘠薄,喜深厚、肥沃、排水良好的沙质壤土,但在石灰性、酸性及轻盐碱土上均可正常生长。

景观应用:聚生的小叶似蝴蝶飞舞,常用作行道树、庭荫树,或孤植、列植、散植于公园、绿地作观赏树。

11. 金枝槐 *Sophora japonica* cv. Golden Stem

识别要点:乔木,高达 25 m。树皮灰褐色,具纵裂纹。**1 年生枝条春季为淡绿色**,秋季逐渐变成黄色、深黄色,**2 年生的树体呈金黄色**,树皮光滑,羽状复叶长达 25 cm。叶轴初被疏柔毛,旋即脱净。叶柄基部膨大,托叶形状多变,有时呈卵形,叶状,有时线形或钻状,早落。叶互生,羽状复叶,椭圆形,呈淡绿色、黄色、深黄色。锥状花序,顶生,长 25 ~ 28 cm,花梗较短,花萼呈吊钟状,具灰色茸毛,花

冠黄色,具短的小柄。荚果,串状,小苞片 2 枚,形似小托叶。花萼浅钟状,种子间缢缩不明显,排列较紧密,果皮肉质,成熟后不开裂,种子椭圆形。花期 5 ~ 8 月,果期 8 ~ 10 月。

生态习性:分布于北京、辽宁、陕西、新疆、山东、河南、江苏、安徽等地。信阳有栽培。耐旱,较耐寒,对土壤要求不严,贫瘠土壤可生长,在腐殖质肥沃的土壤上生长良好。

景观应用:通体呈金黄色,常用作行道树、庭院观赏树,或孤植、列植、散植于公园、绿地作观赏树。

12. 花木蓝 *Indigofera kirilowii* Maxim. ex Palibin

识别要点:小灌木,高 30 ~ 100 cm。茎圆柱形,无毛。**羽状复叶长 6 ~ 15 cm**,叶柄长 0.5 ~ 2.5 cm,叶轴上面略扁平,有浅槽,小叶 2 ~ 5 对,对生,阔卵形、卵状菱形或椭圆形,小叶柄长 2.5 mm,密生毛。**总状花序长 5 ~ 20 cm 与复叶近等长**,疏花。总花梗长 1 ~ 2.5 cm,花序轴有棱,疏生白色丁字毛。花梗长 3 ~ 5 mm,无毛。花萼杯状,外面无毛。**花冠淡红色**,稀白色,花瓣近等长,旗瓣椭圆形,花药

阔卵形,两端有髯毛。子房无毛。荚果棕褐色,圆柱形,长 3.5 ~ 7 cm,无毛,内果皮有紫色斑点。种子赤褐色,长圆形。花期 5 ~ 7 月,果期 8 月。

生态习性:分布于吉林、辽宁、河北、山东、江苏等地。信阳有分布。耐贫瘠,耐干旱,抗病性较强,较耐水湿,适应性强,对土壤要求不严,常生于山坡灌丛及疏林内或岩缝中。

景观应用:花色鲜艳,花量大,有芳香,常用作花篱或地被绿化,或丛植、片植于公园、绿地、水畔、岩石旁作景观配置。

13. 多花木蓝 *Indigofera amblyantha* Craib

识别要点:直立灌木,高 0.8 ~ 2 m,少分枝。茎褐色或淡褐色,圆柱形,幼枝禾秆色,具棱,**密被白色平贴丁字毛**。羽状复叶长达 18 cm,叶柄长 2 ~ 5 cm,托叶微小,三角状披针形,小叶 3 ~ 4(~5) 对,对生,稀互生,通常为卵状长圆形、长圆状椭圆形、椭圆形或近圆形。总状花序腋生,**近无总花梗**。花梗长约 1.5 mm,花萼长约 3.5 mm,被白色平贴丁字毛。荚棕褐色,线状圆柱形,被短丁字毛,种子间有横隔,内果皮无斑点,种子褐色,长圆形,长约 2.5 mm。花期 5~7 月,果期 9~11 月。

生态习性:分布于山西、陕西、甘肃、河南、河北、安徽、江苏、浙江、湖南、湖北、贵州、四川等地。信阳有分布。喜光、喜温暖,抗旱、耐寒,适宜于亚热带广大地区。对土壤要求不严,耐贫瘠,生长于海拔 600 ~1 600 m 的山坡草地、沟边、路旁灌丛中。

景观应用:花色鲜艳,常用作花篱或地被绿化,或丛植、片植于公园、绿地、水畔、岩石旁作景观配置。

14. 苏木蓝 *Indigofera carlesii* Craib.

识别要点:灌木,高达 1.5 m。茎直立,幼枝疏被白色丁字毛。叶互生,叶柄长 1.5 ~3.5 cm。托叶线状披针形,长 0.7 ~1 cm,早落,奇数羽状复叶长 7 ~20 cm,小叶 3 ~13 片,椭圆形或卵状椭圆形,**两面密被白色丁字毛**。总状花序长 10 ~20 cm,总花梗长约 1.5 cm,苞片卵形,长 2 ~4 mm,花萼杯状,长 4 ~4.5 mm,外被白色丁字毛,蝶形花,花冠粉红色或玫瑰红色,旗瓣近椭圆形,**龙骨瓣与翼瓣等长**。两端有髯毛,子房无毛。荚果线状圆柱形,长 4 ~6 cm,果瓣开裂后旋卷,内果皮具紫色斑点。花期 4 ~6 月,果期 8 ~10 月。

生态习性:分布于陕西、江苏、安徽、江西、河南、湖北等地。信阳有分布。生于海拔 500 ~1 000 m 的山坡路旁及丘陵灌丛中。

景观应用:具有很好观赏性,除了花,其秋天密集类似绿豆的小荚果也十分喜庆,可以成为城市绿化中土壤改良和提升景观的一个新物种。

15. 华东市蓝 *Indigofera fortunei* Craib.

识别要点：灌木，高达 1 m。茎直立，灰褐色或灰色，分枝有棱。叶长 1.5~4 cm，叶轴上面具浅槽，托叶线状披针形，**小叶 3~7 对**，对生，间有互生，卵形、阔卵形、卵状椭圆形或卵状披针形。总状花序长 8~18 cm，总花梗长达 3 cm，花萼斜杯状，长 2.5 mm，外面疏生丁字毛，花冠紫红色或粉红色，旗瓣倒阔卵形，花药阔卵形，顶端有小凸尖，两端有髯毛，子房无毛，有胚珠 10 余粒。**荚果褐色**，线状圆柱形，无毛，开裂后果瓣旋卷。内果皮具斑点。花期 4~5 月，果期 5~9 月。

生态习性：分布于安徽、江苏、浙江、湖北等地。信阳有分布。多生于山坡疏林或灌丛中。

景观应用：常用作花篱或地被绿化，或丛植、片植于公园、绿地、水畔、岩石旁作景观配置。

16. 紫荆 *Cercis chinensis* Bunge

识别要点：**丛生**或单生灌木。树皮和小枝灰白色。叶纸质，近圆形或三角状圆形，**基部浅至深心形**，长 5~10 cm，两面通常无毛，嫩叶绿色，仅叶柄略带紫色，叶缘膜质透明，新鲜时明显可见。花紫红色或粉红色，2~10 余朵成束，**簇生于老枝和主干上**，尤以主干上花束较多，龙骨瓣基部具深紫色斑纹。荚果扁狭长形，绿色，先端急尖或短渐尖，喙细而弯曲，基部长渐尖，两侧缝线对称或近对称，果颈长 2~4 mm。种子阔长圆形，黑褐色，光亮。花期 3~4 月，果期 8~10 月。

生态习性：分布于东南部，北至河北，南至广东、广西，西至云南、四川，西北至陕西，东至浙江、江苏和山东等地。信阳有分布。喜光，稍耐阴，较耐寒，喜肥沃、排水良好的土壤，不耐湿。

景观应用：常用于庭院、公园、绿地等作景观配置，多丛植。

17. 巨紫荆 *Cercis glabra* **Pampan.**

识别要点:乔木,高可达 16 m,胸径达 30 cm。树皮和小枝灰黑色,**叶片较大,厚纸质或近革质,心脏形或三角状圆形**,幼叶常呈紫红色,成长后绿色,上面光亮,总状花序短,总轴长 0.5 ~ 1 cm,有花数至十余朵。花淡紫红色或粉红色,先于叶或与叶同时开放,稍大,长 1.3 ~ 1.5 cm,花梗长 1 ~ 3 cm。荚果狭长圆形,紫红色,先端渐尖,基部圆钝,二缝线不等长,背缝稍长,向外弯拱,少数基部渐尖而缝线等长。3 ~ 4 月开花,9 ~ 11 月结果。

生态习性:主要分布于湖北西部至西北部、河南西南部、陕西西南部至东南部、四川东北部至东南部、云南、贵州、广西北部、广东北部、湖南、浙江、安徽等地。生长在海拔 600 ~ 1 900 m 的山地疏林、密林中,多见于山谷、路边或岩石上。

景观应用:常用作行道树,或公园、绿地等景观树。

18. 皂荚 *Gleditsia sinensis*

识别要点:枝灰色至深褐色,**枝刺粗壮,常分枝**,圆柱形,多呈圆锥状,长达 16 cm。叶为**一回羽状复叶**,长 10 ~ 18 cm,小叶 2 ~ 9 对,纸质,卵状披针形至长圆形,小叶柄长 1 ~ 5 mm,被短柔毛。花杂性,黄白色,组成总状花序,花梗长 2 ~ 10 mm,花托长 2.5 ~ 3 mm,深棕色。**荚果带状**,劲直或扭曲,果肉稍厚,两面鼓起,果颈长 1 ~ 3.5 cm,果瓣革质,褐棕色或红褐色,常被白色粉霜。种子多颗,长圆形或椭圆形,棕色,光亮。花期 3 ~ 5 月,果期 5 ~ 12 月。

生态习性:分布于河北、山东、河南、山西、陕西、甘肃、江苏、安徽、浙江、江西、湖南、湖北、福建、广东、广西、四川、贵州、云南等地。信阳有分布。喜光,稍耐阴,较耐旱。多生于山坡林中或谷地、路旁,在微酸性、石灰质、轻盐碱土甚至黏土或沙土上均能正常生长。

景观应用:可用作行道树、庭院树或公园、绿地等景观树。

19. 紫穗槐 *Amorpha fruticosa* **Linn.**

识别要点: 落叶灌木,**丛生**,高 1 ~ 4 m。小枝灰褐色,被疏毛,后变无毛。叶互生,奇数羽状复叶,长 10 ~ 15 cm,有小叶 11 ~ 25 片,基部有线形托叶,叶柄长 1 ~ 2 cm,小叶卵形或椭圆形。花萼长 2 ~ 3 mm,被疏毛或几无毛,萼齿三角形,较萼筒短,**旗瓣心形,紫色,无翼瓣和龙骨瓣**。荚果下垂,长 6 ~ 10 mm,宽 2 ~ 3 mm,微弯曲,顶端具小尖,棕褐色,表面有凸起的疣状腺点。花、果期 5 ~ 10 月。

生态习性: 原产美国东北部和东南部。信阳有引种栽培。耐瘠,耐水湿和轻度盐碱土,对光线要求充足,对土壤要求不严。

景观应用: 可用作绿篱或地被及厂矿区绿化。

20. 紫藤 *Wisteria sinensis*（**Sims**）**Sweet**

识别要点: 落叶**藤本**。茎右旋,枝较粗壮,嫩枝被白色柔毛,后秃净,冬芽卵形。奇数羽状复叶长 15 ~ 25 cm,托叶线形,早落,小叶 3 ~ 6 对,纸质,卵状椭圆形至卵状披针形,小叶柄长 3 ~ 4 mm,被柔毛。总状花序发自种植一年短枝的腋芽或顶芽,苞片披针形,早落,花长 2 ~ 2.5 cm,芳香,花梗细,长 2 ~ 3 cm,花冠细绢毛,上方 2 齿甚钝,下方 3 齿卵状三角形。**荚果倒披针形,密被茸毛**,悬垂枝上不脱落,有种子 1 ~ 3 粒,种子褐色,具光泽,圆形,扁平。花期 4 月中旬至 5 月上旬,果期 5 ~ 8 月。

生态习性: 分布于河北以南黄河长江流域及陕西、河南、广西、贵州、云南等地。信阳广泛分布。喜光,较耐寒,能耐水湿及瘠薄土壤。以土层深厚、排水良好、向阳避风的地方栽培最适宜。主根深,侧根浅,不耐移栽。缠绕能力强,它对其他植物有绞杀作用。

景观应用: 常用于廊、架等垂直绿化。

三十二、芸香科

1. 柚子 *Citrus maxima*（*Burm*）**Merr.**

识别要点:常绿乔木。柚子树叶大而厚,嫩叶通常暗紫红色,嫩枝扁且有棱。叶质颇厚,色浓绿,阔卵形或椭圆形,**叶翼大,呈心脏形。**花大,常簇生成总状花序。果实大,圆形、扁圆形或阔倒卵形,成熟时呈淡黄色或者是橙色,果皮厚,有大油腺,不易剥离。果肉白色或红色,花期4～5月,果期9～12月。

生态习性:原产东南亚。信阳有引种栽培。喜温暖、湿润气候,不耐干旱,生长期最适温度23～29 ℃。

景观应用:可用作行道树或庭院观赏树,亦可孤植、列植于公园、绿地等作景观树。

2. 香橼 *Citrus medic* **L.**

识别要点:常绿灌木或小乔木,**茎枝多刺。新生嫩枝、芽及花蕾均暗紫红色,**单叶,稀兼有单身复叶,叶片椭圆形或者卵状椭圆形,叶缘有浅钝裂齿。总状花序有花达12朵,花瓣5片。**果大,重可达**2 000 g,椭圆形、近圆形或两端狭的纺锤形,果皮淡黄色,粗糙,难剥离,果肉无色,近于透明或淡乳黄色,爽脆,味酸或略甜,有香气。花期4～5月,果期10～11月。

生态习性:分布于四川、云南、福建、江苏、浙江等地。信阳有栽培。喜温,不耐严寒,以土层深厚、疏松肥沃、富含腐殖质、排水良好的沙质壤土栽培为宜。

景观应用:可用作行道树或庭院观赏树,亦可孤植、列植于公园、绿地等作景观树。

3. 枳 *Poncirus trifoliata*（L.）Raf

识别要点：属小乔木。高可达 5 m，树冠伞形或圆头形，**枝绿色**，**多枝刺**，叶柄有狭长的翼叶，通常**指状 3 出复叶**，小叶等长或中间的一片较大，对称或两侧不对称，嫩叶中脉上有细毛。花单朵或成对腋生，花有大、小二型，花瓣白色，匙形，花丝不等长。果近圆球形或梨形，大小差异较大，通常纵径 3 ~ 4.5 cm，横径 3.5 ~ 6 cm，果顶微凹，有环圈，果皮暗黄色，粗糙，果心充实，果肉含黏液，微有香橼气味，甚酸且苦，带涩味。有种子，阔卵形，有黏液，花期 5 ~ 6 月，果期 10 ~ 11 月。

生态习性：分布于山东、河南、山西、陕西、甘肃、安徽、江苏、浙江、湖北、湖南、江西、广东、广西、贵州和云南等地。信阳有分布。喜光、喜温，适生光照充足处，较耐寒，喜湿润环境，怕积水，喜微酸性土壤。

景观应用：可用作绿篱。

4. 花椒 *Zanthoxylum bungeanum* Maxim.

识别要点：落叶小乔木，**枝有短刺**，叶有小叶片，叶轴常有甚狭窄的叶翼。小叶片对生，无柄，卵形，椭圆形，稀披针形，位于叶轴顶部的较大，叶缘有细裂齿，**齿缝有油点**，其余无或散生肉眼可见的油点，中脉在叶面微凹陷。花序顶生或生于侧枝之顶，花序轴及花梗密被短柔毛或无毛，花被片黄绿色，形状及大小大致相同，雌花很少有发育雄蕊，有心皮，花柱斜向背弯。**果紫红色**，单个分果

瓣散生**微凸起的油点**，顶端有甚短的芒尖或无。花期 4 ~ 5 月，果期 8 ~ 10 月。

生态习性：分布于东北南部，南至五岭北坡，东南至江苏、浙江沿海地带，西南至西藏东南部。信阳有分布。耐旱，喜阳光，适宜种植在土壤肥沃、排水良好、水源充足的沙土地。

景观应用：常栽于庭院、公园等，也可作盆景材料。

5. 臭檀吴萸 *Evodia daniellii*（Benn.）Hemsl.

识别要点：落叶乔木。树皮暗灰色,枝条灰色或灰褐色,几无毛。奇数羽状复叶,小叶纸质,阔卵形、卵状椭圆形,**散生少数油点**或油点不显,叶缘有细钝裂齿,有时且有缘毛,嫩叶有时两面被疏柔毛,小叶柄长2~6 mm。伞房状聚伞花序,花白色,花序轴及分枝被灰白色或棕黄色柔毛,花蕾近圆球形。分果瓣紫红色,干后变淡黄或淡棕色,背部无毛,两侧面被疏短毛,**顶端有芒尖**,内、外果皮均较薄,内果皮干后软骨质,蜡黄色。每分果瓣有2种子。种子卵形,一端稍尖,褐黑色,有光泽,种脐线状纵贯种子的腹面。

生态习性：分布于辽宁以南至长江沿岸等地。信阳有分布。喜光,耐寒,耐干旱瘠薄,耐盐碱,多生于平地及山坡向阳地方,在沙质壤土上生长迅速。

景观应用：叶片鲜绿,果实红艳,可用作行道树或庭院观赏树,亦可孤植、列植于公园、绿地等作景观树。

三十三、苦木科

1. 臭椿 *Ailanthus altissima*（Mill.）Swingle

识别要点：落叶乔木。树干通直,树冠阔卵形,平顶,侧枝开展,少直立,幼树树皮浅灰色或淡褐色,光滑,树干基部浅纹裂,老树树干深灰色或灰色,基部浅裂。小枝叶痕明显,倒卵状三角形,无顶芽。小叶纸质,卵状披针形,先端长渐尖,基部偏斜,截形或稍圆,**两侧各具1或2个粗锯齿**。翅果长椭圆形,质薄,微带红褐色,先端扭曲。种子位于翅的中间,扁圆形。花期4~5月,果期8~10月。

生态习性：除黑龙江、吉林、新疆、青海、宁夏、海南外,各地均有分布。耐干旱瘠薄,耐干冷气候,根深,萌芽力强,耐盐碱,但不耐水湿,抗烟、耐污染。

景观应用：可用作行道树,或工厂、矿区等绿化。

三十四、楝科

1. 楝 *Melia azedarach* Linn.

识别要点：落叶乔木。树冠倒伞形，侧枝开展，树皮灰褐色，浅纵裂。小枝呈轮生状，灰褐色，被稀疏短柔毛，后光滑，叶痕和皮孔明显。叶为2~3回奇数羽状复叶，小叶对生，卵形、椭圆形至披针形，顶生一片通常略大，表面深绿色，背面灰绿色，具特殊香味。圆锥花序，约与叶等长，**花瓣淡紫色**，无毛或幼时被鳞片状短柔毛。**核果球形**至椭圆形，成熟时**淡黄色**，种子椭圆形，红褐色。花期4~5月，果期9月。

生态习性：分布于中国黄河以南各省区。信阳有分布。喜生于肥沃湿润的壤土或沙壤土，性喜温、畏寒、耐旱和耐盐碱，喜光。

景观应用：常用作行道树或庭荫树，或孤植、列植于公园、绿地、水畔等作景观树。

2. 香椿 *Toona sinensis*（A. Juss.）Roem.

识别要点：叶具长柄，**偶数羽状复叶**，长30~50 cm或更长，小叶16~20，对生或互生，纸质，卵状披针形或卵状长椭圆形，长9~15 cm，宽2.5~4 cm，边全缘或有疏离的小锯齿，两面均无毛，无斑点，**背面常呈粉绿色**，背面略凸起，小叶柄长5~10 mm。树皮粗糙，深褐色，片状脱落，果实是**椭圆形蒴果**，翅状种子，种子可以繁殖。

生态习性：分布于华北、华中、华东等地区。信阳有分布。喜温，适宜在平均气温8~10 ℃的地区栽培，喜光，较耐湿，适宜生长于河边、宅院周围肥沃湿润的土壤上。

景观应用：优良的庭院树种和"四旁"绿化树种，亦可作行道树。

三十五、大戟科

1.山麻杆 *Alchornea davidii* Franch.

识别要点:落叶灌木,高 1 ~ 4 m。茎干直立通达,株形矮壮,**嫩枝和叶红色被灰白色短茸毛**,一年生小枝具微柔毛。叶薄纸质,阔卵形或近圆形,顶端渐尖,基部心形、浅心形,边缘具粗锯齿或具细齿,叶柄长 2 ~ 10 cm,具短柔毛。雌雄异株,**雄花序穗状**。老时变为光滑而具古铜色,山麻杆阔叶互生,幼时红色或紫红色、观赏价值较高。花期 3 ~ 5 月,果期 6 ~ 7 月。

生态习性:分布于陕西南部、四川东部和中部、云南、贵州、广西北部、河南、湖北、湖南、江西、江苏、福建西部等地。信阳有分布。阳性树种,但也能耐阴,抗寒能力较弱,对土壤要求不严,在疏松肥沃、富含有机质的沙质土壤上生长最好。

景观应用:优良的观叶、观花、赏果树种。常孤植、丛植于公园、绿地等作景观配置。

2.乌桕 *Sapium sebiferum*(L.)Roxb.

识别要点:乌桕属落叶乔木,**具乳汁**,高可达 15 m,树皮暗灰色,有纵裂纹。枝广展,具皮孔。叶互生,纸质,**叶片菱形**、菱状卵形或稀有菱状倒卵形,顶端骤然紧缩具长短不等的尖头,雌雄同株,蒴果梨状球形,成熟时黑色,直径 1 ~ 1.5 cm。**种子外被白色、蜡质的假种皮**。花期 4 ~ 8 月。

生态习性:分布于中国黄河以南各省区,北达陕西、甘肃。信阳有分布。喜光树种,在海拔 500 m 以下向阳的缓坡或石灰岩山地生长良好。能耐间歇或短期水淹,对土壤适应性较强,红壤、紫色土、黄壤、棕壤及冲积土均能生长,深根性,侧根发达,抗风、抗毒气(氟化氢)。

景观应用:优良的观叶、观果乡土树种,常用作行道树或孤植、散列、列植、片植公园、绿地、水畔等作景观树。

3. 重阳市 *Bischofia polycarpa*（Levl.）**Airy Shaw**

识别要点:落叶乔木,高达 15 m,胸径稀达 1 m。树冠伞形,大枝斜展。树皮褐色,纵裂。**小枝褐色**,当年生枝绿色,皮孔明显,灰白色,老枝变褐色,皮孔变锈褐色。全株均无毛。**三出复叶**。顶生小叶通常较两侧的大,小叶片纸质,卵形或椭圆状卵形,有时长圆状卵形,顶端突尖或短渐尖,花**雌雄异株**,春季与叶同时开放,组成总状花序。花期 4 ~ 5 月,果期 10 ~ 11 月。

生态习性:分布于秦岭、淮河流域以南各地。信阳有分布。生于海拔 1 000 m 以下山地林中或平原,抗风耐湿,生长快速。

景观应用:树姿优美,冠如伞盖,花叶同放,花色淡绿,是良好的庭荫树和行道树种。

4. 油桐 *Vernicia fordii*（Hemsl.）**Airy Shaw**

识别要点:落叶乔木,高达 10 m。树皮灰色,近光滑。枝条粗壮,无毛,具明显皮孔。叶卵圆形,长 8 ~ 18 cm,宽 6 ~ 15 cm,顶端短尖,基部截平至浅心形,下面灰绿色,**叶柄与叶片近等长**,几无毛,花雌雄同株,先叶或与叶同时开放。花萼长约 1 cm,2(~3)裂,外面密被棕褐色微柔毛。花瓣白色,有淡红色脉纹。**核果近球状**,果皮光滑,种皮木质。花期 3 ~ 4 月,果期 8 ~ 9 月。

生态习性:分布于陕西、河南、江苏、安徽、浙江、江西、福建、湖南、湖北、广东、海南、广西、四川、贵州、云南等省区。信阳有分布。通常栽培于海拔 1 000 m 以下丘陵山地。喜温暖湿润气候,怕严寒。

景观应用:优良的观花观果树种,可孤植、列植、散列于公园、绿地等作景观树,或片植营造景观林。

三十六、黄杨科

1. 雀舌黄杨 *Buxus bodinieri* Levl.

识别要点:**常绿灌木**,高 3 ~ 4 m。枝圆柱形,**小枝四棱形**,被短柔毛,后变无毛。叶薄革质,**常匙形**,亦有狭卵形或倒卵形,大多数中部以上最宽,长 2 ~ 4 cm,宽 8 ~ 18 mm,叶背苍灰色,中脉两面凸出,侧脉极多,在两面或仅叶面显著,雄蕊连花药长 6 mm,不育雌蕊有柱状柄,末端膨大,高约 2.5 mm,和萼片近等长,或稍超出。雌花:外萼片长约 2 mm,内萼片长约 2.5 mm,受粉

期间,子房长 2 mm,无毛,花柱长 1.5 mm,略扁,柱头倒心形,下延达花柱 1/3 ~ 1/2 处。叶柄长 1 ~ 2 mm。蒴果卵形,长 5 mm,花期 2 ~ 3 月,果期 5 ~ 9 月。

生态习性:分布于云南、四川、贵州、广西、广东、江西、浙江、湖北、河南、甘肃、陕西(南部)。信阳有栽培。喜光,较耐阴,喜湿润、疏松、肥沃土壤,有一定抗寒性。

景观应用:常用作绿篱或色块、色带造型,或作盆景材料。

2. 黄杨 *Buxus sinica* (Rehder & E. H. Wilson) M. Cheng

识别要点:常绿灌木或小乔木,高 1 ~ 6 m。枝圆柱形,有纵棱,灰白色。**小枝四棱形**,全面被短柔毛或外方相对两侧面无毛。叶革质,**阔椭圆形**、**阔倒卵形**、卵状椭圆形或长圆形,叶面光亮,中脉凸出,下半段常有微细毛。花序腋生,头状,花密集,雄花约 10 朵,无花梗,外萼片卵状椭圆形,内萼片近圆形,长 2.5 ~ 3 mm,无毛,雄蕊连花药长 4 mm,不育雌蕊有棒状柄,末端膨大。雌花萼

片长 3 mm,子房较花柱稍长,无毛。蒴果近球形。花期 3 月,果期 5 ~ 6 月。

生态习性:分布于陕西、甘肃、湖北、四川、贵州、广西、广东、江西、浙江、安徽、江苏、山东等地。信阳有分布。多生山谷、溪边、林下,海拔 1 200 ~ 2 600 m。

景观应用:常用作绿篱和地被绿化,或修剪造型作景观配置。

三十七、省沽油科

1. 省沽油 *Staphylea bumalda* DC.

识别要点:落叶灌木,高约 2 m,稀达 5 m,树皮紫红色或灰褐色,有纵棱。枝条开展,**三出复叶对生**,有长柄,柄长 2.5 ~ 3 cm。小叶椭圆形、卵圆形或卵状披针形,长(3.5 ~)4.5 ~ 8 cm,宽(2 ~)2.5 ~ 5 cm,先端锐尖,具尖尾,尖尾长约 1 cm,基部楔形或圆形,边缘有细锯齿,齿尖具尖头,上面无毛,背面青白色,主脉及侧脉有短毛。**蒴果膀胱状**,扁平,种子黄色,有光泽。花期 4 ~ 5 月,果期 8 ~ 9 月。

生态习性:分布于黑龙江、吉林、辽宁、河北、山西、陕西、浙江、湖北、安徽、江苏、四川等地。信阳有分布。生长于路旁、山地或丛林中。阳性偏耐阴性树种。省沽油生长适宜沙壤土、麻骨土,特别是疏松土层深的酸性或偏酸性土壤。

景观应用:可用作绿篱或丛植、片植于公园、绿地等作景观配置。

2. 野鸦椿 *Euscaphis japonica*（Thunb.）Dippel

识别要点:落叶小乔木或灌木,高 2 ~ 8 m,树皮灰褐色,具纵条纹,**小枝及芽红紫色**,枝叶揉碎后发出恶臭气味。**叶对生**,奇数羽状复叶,长 8 ~ 32 cm,叶轴淡绿色,厚纸质,长卵形或椭圆形先端渐尖,基部钝圆,边缘具疏短锯齿,齿尖有腺休,两面除背面沿脉有白色小柔毛外,主脉在上叶面明显、叶背面突出,小叶柄长 1 ~ 2 mm,小托叶线形,基部较宽,先端尖,有微柔毛。每一花发育为 1 ~ 3 个蓇葖,果皮软革质,**紫红色**,有纵脉纹,种子近圆形,花期 5 ~ 6 月,果期 8 ~ 9 月。

生态习性:中国除西北各省外,全国均产。信阳有分布。幼苗耐阴,耐湿润,大树则偏阳喜光,耐瘠薄干燥,耐寒性较强。在土脚和山谷,土层深厚、疏松、湿润、排水良好而且富含有机质的微酸性土壤上生长良好。

景观应用:优良观果树木,可孤植、散植于公园、绿地等作景观树。

三十八、漆树科

1.黄连木 *Pistacia chinensis* **Bunge**

识别要点:落叶乔木,高达20余米。树干扭曲。树皮暗褐色,呈**鳞片状剥落**。幼枝灰棕色,具细小皮孔,疏被微柔毛或近无毛。**偶数羽状复叶互生**,有小叶5～6对,**叶基偏斜**,叶轴具条纹,被微柔毛,叶柄上面平,被微柔毛,小叶对生或近对生,核果倒卵状**扁球形**,成熟时紫红色。花期3～4月,果期9～11月。

生态习性:中国分布广泛。信阳有分布。喜光、畏寒。耐干旱瘠薄,在肥沃、湿润而排水良好的石灰岩山地生长最好。深根性,主根发达,抗风力强。萌芽力强。生长较慢,寿命可达300年以上。

景观应用:黄连木先叶开花,树冠浑圆,枝叶繁茂而秀丽,早春嫩叶红色,入秋叶又变成深红或橙黄色,红色的雌花序也极美观。宜作庭荫树、行道树。

2.粉背黄栌 *Cotinus coggygria* **Scop. var.** *glaucophylla* **C. Y. Wu**

识别要点:灌木,高2～7 m。小枝圆柱形,棕褐色,无毛。叶互生,纸质,卵圆形,长3.5～10 cm,宽2.5～7.5 cm,先端微凹或近圆形,基部圆形或浅心形,全缘,两面无毛,**叶背明显被白粉**。叶柄长1.5～3.3 cm,上面平。圆锥花序顶生,无毛,长达23 cm。多数不孕花花后**纤细花梗伸长,被长柔毛**花瓣5,卵形或卵状椭圆形,长约1.6 mm,宽约0.9 mm,无毛。花盘大,黄色。核果棕褐色,无毛,具皱纹,近肾形。花期3～5月,果期8～10月。

生态习性:分布于四川、甘肃、陕西等地。信阳有栽培。生于海拔1 300～2 400 m的山坡和浅沟岩石上。

景观应用:秋季观叶树种,常丛植、片植于公园、绿地、假山、岩石园等作景观配置,亦可作盆景材料。

3. 黄栌 *Cotinus coggygria* Scop.

识别要点:落叶小乔木或灌木,株高达 8 m。单叶互生,倒卵形或卵形。两面无毛,叶柄细长,顶生圆锥花序,杂性花,花瓣黄绿色。多数为不孕花。**花梗在花后伸长,被长柔毛呈粉红色羽毛状**,核果小。肾形,花期 4~5 月,果期 6~7 月。

生态习性:分布于西南、华北和浙江。信阳有分布。喜光也稍耐阴,抗旱,抗寒,耐瘠薄,对土壤要求不严。根系发达,萌芽力强,生长快速,但不耐水湿和盐碱。

景观应用:秋叶鲜红,是优良的秋季彩叶树种,常丛植或片植于公园、绿地等作景观配置,或片植营造景观林。

4. 南酸枣 *Choerospondias axillaris*(Roxb.)Burtt et Hill.

识别要点:南酸枣属落叶乔木,高可达 20 m。树干挺直,树皮灰褐色,小枝粗壮,暗紫褐色,具皮孔,无毛,**奇数羽状复叶互生**,卵状椭圆形或长椭圆形,花杂性,异株。雄花和假两性花淡紫红色,排列成顶生或腋生的聚伞状圆锥花序,雌花单生于上部叶腋内。**核果**椭圆形或倒卵形,成熟时黄色,中果皮肉质浆状。花期 4 月,果期 8~10 月。

生态习性:分布于湖北、湖南、广东、广西、贵州、江苏、云南、福建、江西、浙江、安徽、重庆、西藏、陕西、甘肃、海南、四川等地。信阳有栽培。生于海拔 300~2 000 m 的山坡、丘陵或沟谷林中。性喜阳光。喜温暖湿润气候,不耐寒。适生于深厚肥沃而排水良好的酸性或中性土壤,不耐涝。生长迅速,树龄可达 300 年以上。

景观应用:常用作行道树或庭院绿化。

三十九、冬青科

1. 龟甲冬青 *IIer crenata' Convexa*

识别要点:常绿灌木,株高达 1 m,枝叶密生,多分枝,小枝有灰色细毛。叶小而密,**叶面凸起,厚革质**,椭圆形至倒卵形,叶柄长 2 ~ 3 mm。花白色,果球形,黑色;雄花 1 ~ 7 朵排成聚伞花序,单生于当年生枝的鳞片腋肉或下部的叶腋内,或假簇生于二年生枝的叶腋内,总花梗长 4 ~ 9 mm,雄蕊短于花瓣,花药椭圆体状,长约 0.8 mm;雌花单花,2 或 3 花组成聚伞花序生于当年生枝的叶腋内。花期 5 ~ 6 月,果期 8 ~ 10 月。

生态习性:分布于长江下游至华南、华东、华北部分地区。信阳有栽培。耐阴,耐修剪,稍耐寒。喜温暖湿润气候和深厚肥沃土壤。

景观应用:常用于绿篱或地被绿化,亦可作色块、色带拼图。

2. 冬青 *Ilex chinensis* Sims

识别要点:常绿乔木,高达 13 m。树皮灰黑色,当年生小枝浅灰色,圆柱形,具细棱。叶痕新月形,凸起;叶片薄革质,椭圆形或披针形,稀卵形,先端渐尖,基部楔形或钝,**边缘具圆齿**;叶面绿色,有光泽,主脉在叶面平,背面隆起,无毛。雌雄异株,雄花序具 3 ~ 4 回分枝,总花梗长 7 ~ 14 mm,每分枝具花 7 ~ 24 朵;**花淡紫色**或紫红色,花冠辐状,花瓣卵形,开放时反折;雄蕊短于花瓣,花药椭圆形。果长球形,成熟时红色内果皮厚革质。花期 4 ~ 6 月,果期 10 ~ 11 月。

生态习性:分布于秦岭南坡、长江流域及其以南广大地区,而以西南和华南最多。信阳有栽培。零散生长于山谷、溪旁或海拔 500 ~ 1 000 m 的山坡常绿阔叶林中和林缘。

景观应用:枝繁叶茂,四季常青,树形优美,是优良观赏树种。常用于行道树或孤植、列植、散植于公园、绿地等作景观配置,亦可作盆景材料。

3. 枸骨冬青 *ilex cornuta*

识别要点：**常绿灌木**或小乔木，高 3~4 m，最高可达 10 m 以上。树皮灰白色，平滑不裂，枝开展而密生。**叶硬革质**，矩圆形，长 4~8 cm，宽 2~4 cm，顶端扩大并有 3 **枚大尖硬刺齿**，中央一枚向背面弯，基部两侧各有 1~2 枚**大刺齿**，表面深绿而有光泽，背面淡绿色；叶有时全缘，基部圆形，这样的叶往往长在大树的树冠上部。核果球形，鲜红色，具 4 核。花期 4~5 月，果期 9~10 月。

生态习性：分布于长江流域以南各省。信阳有分布。生于山谷溪边、河岸及林缘。喜光，稍耐阴；喜温暖气候及肥沃、湿润而排水良好的微酸性土壤，耐寒性不强；颇能适应城市环境，对有害气体有较强抗性。

景观应用：树形美丽，枝叶稠密，叶形奇特，入秋红果累累，是良好的观叶、观果树种。常用作绿篱或修剪造型用于公园、绿地等作景观配置，亦可作盆景材料。

4. 无刺枸骨 *Ilex cornuta* var. *fortunei*

识别要点：**常绿灌木**或小乔木，是枸骨的自然变种。与枸骨的主要区别是：叶通常全缘，叶缘无叶裂状尖锐刺齿；黄绿色小花；核果球形，初为绿色，入秋成熟转红。花期 4~5 月，果熟期 9~10 月。

生态习性：分布于江苏、上海、安徽、浙江、江西、湖北、湖南等地。信阳有栽培。喜光，喜温暖。适宜湿润和排水良好的土壤，有较强抗性，耐修剪，在 -8~ -10 ℃ 气温生长良好。

景观应用：是良好的观果观叶树种，常用作绿篱或地被绿化。也可修剪造型，用于公园、绿地等作景观配置，也可作盆景材料。

5. 落霜红 *Ilex serrata* Thunb

识别要点：**落叶灌木，枝无长短枝之分**，高 1~3 m。树皮灰色，当年生小枝具纵褶沟，二年生以上小枝近圆柱形，被长硬毛或近无毛，具明显的皮孔。叶片椭圆形，长 2~9 cm，宽 1 ~ 4 cm,先端渐尖,基部楔形,叶缘**密生尖锯齿**,叶柄长 6 ~ 8 mm,上面具深沟。雄花序为 2 或 3 回二歧或三歧聚伞花序单生叶腋,具 9 ~ 21 花,小苞片基生,三角形;雌花序为具 1 ~ 3 **花生于叶腋**,罕近簇生。果球形,直径 5 mm,成熟时红色。花期 5 月,果期 10 月。

生态习性:分布于福建、四川、浙江、江西等地。信阳有栽培。生于海拔 500 ~ 1 600 m 的山坡林缘、灌木丛中。

景观应用:常用作绿篱或地被绿化,也可作盆景材料。

四十、卫矛科

1.南蛇藤 *Celastrus orbiculatus* **Thunb.**

识别要点:落叶藤状灌木。小枝有多数皮孔。叶互生,宽椭圆形、倒卵形或近圆形,先端渐尖,基部近圆形,叶柄长达 2 cm,两面光滑无毛或叶背脉上具稀疏短柔毛。聚伞花序顶生或腋生,花小,5 ~ 7 朵,花梗短,花杂性,黄绿色。雄花萼片钝三角形,花瓣倒卵椭圆形或长方形,花盘浅杯状;雌花花冠较雄花窄小,肉质,子房近球状,蒴果近球状,**顶端有宿存的花柱形成的尖头,**种子每室 2 粒,**有红色肉质假种皮。**花期 5 ~ 6 月,果期 7 ~ 10 月。

生态习性:分布于黑龙江、吉林、辽宁、内蒙古、河北、山东、山西、河南、陕西、甘肃、江苏、安徽、浙江、江西、湖北、四川等地。信阳有分布。性喜阳、耐阴,抗寒、耐旱,对土壤要求不严。一般多野生于山地沟谷及林缘灌木丛中。

景观应用:常用于石壁、假山、墙垣等垂直绿化。

2. 卫矛 *Euonymus alatus*（**Thunb.**）**Sieb**

识别要点:落叶灌木,高达 3 m。小枝**四棱形**,棱上常生有**扁平条状木栓翅**;冬芽圆形,芽鳞边缘具不整齐细坚齿。**叶对生**,窄倒卵状或椭圆形,边缘具细锯齿,两面光滑无毛,叶柄极短或近无柄。聚伞花序有 3～9 花,花淡绿色,4 数,花盘**肥厚方形**,萼片半圆形,花瓣近圆形,雄蕊花丝极短。蒴果 1～4 深裂,裂瓣椭圆状。种子椭圆状或阔椭圆状,**有橙红色假种皮**。花期5～6月,果期 7～10 月。

生态习性:除东北、新疆、青海、西藏、广东及海南外,各省区均产。信阳有分布。喜光,也稍耐阴;对气候和土壤适应性强,能耐干旱、瘠薄和寒冷,在中性、酸性及石灰性土上均能生长。萌芽力强,耐修剪,对二氧化硫有较强抗性。

景观应用:卫矛枝翅奇特,秋叶红艳耀目,果裂亦红,甚为美观,常用于绿篱或丛植用于公园、绿地作景观配置。

3. 白杜 *Euonymus maackii* **Rupr.**

识别要点:落叶**乔木**,高达 8 m。小枝灰绿色。**叶卵状椭圆形**、卵圆形或窄椭圆形,先端长渐尖,基部阔楔形或近圆形,边缘具细锯齿,有时极深而锐利;叶柄通常细长,但有时较短,**常下垂状生长**。聚伞花序1～2次分裂,花淡白绿色或黄绿色,直径约 8 mm,4 数,花盘肥大。雄蕊花药紫红色,花丝细长。蒴果倒圆心状,4 **浅裂**,成熟后果皮粉红色。种子长椭圆状,种皮棕黄色,**假种皮橙红色**,成熟后顶端常有小口,稍露出种子。花期 5～6 月,果期 9～10 月。

生态习性:北起黑龙江包括华北、内蒙古各省区,南到长江南岸各省区,西至甘肃。信阳有分布。喜光、耐寒、耐旱,稍耐阴,也耐水湿;为深根性植物,根萌蘖力强,生长较慢。对土壤要求不严,中性土和微酸性土均能适应,最适宜栽植在肥沃、湿润的土壤上。

景观应用:枝叶秀丽,入秋蒴果粉红色,很具观赏价值。可用作行道树或列植、散植于公园绿地、湖边、溪畔等作主景树。

4. 大花卫矛 *Euonymus grandiflorus* **Wall.**

识别要点：**半常绿**乔木或灌木，高达 10 m。叶对生，近革质，窄长椭圆形或窄倒卵形，先端圆钝或急尖，基部楔形，**侧脉细密**，叶柄长达 1 cm。疏松聚伞花序5~7花，小花梗长约 1 cm，小苞片窄线形，花黄白色，花萼大部合生，萼片极短，花瓣近圆形，子房四棱锥状。蒴果近球状，常具**窄翅棱**，宿存花萼圆盘状。种子长圆形，黑红色，有光泽。花期 6~7月，果期 9~10月。

生态习性：分布于陕西、甘肃、湖北、湖南、四川、贵州、云南等地。信阳有分布。喜光，在光照充足的条件下生长良好，也较耐阴。对土壤要求不严，一般在酸性、中性土壤上都能生长。

景观应用：秋季观叶观果树种，秋叶红艳，果实开裂后露出橘红色假种皮。常孤植、列植、散列于公园、绿地、假山旁、湖畔、溪边作景观配置。

5. 冬青卫矛 *Euonymus japonicus* **Thunb.**

识别要点：常绿灌木或小乔木。树皮浅褐色，有浅纵裂条纹。小枝稍为四棱形，具细微皱突。叶对生，革质，有光泽，倒卵形或椭圆形，先端圆阔或急尖，基部楔形，边缘具有浅细钝齿。聚伞花序5~12花，分枝及花序梗均扁壮，花白绿色，直径 5~7 mm；花瓣近卵圆形。蒴果近球状，淡红色，有 4 浅沟，顶生，椭圆状。假种皮橘红色。花期 6~7月，果熟期 9~10月。

生态习性：分布于长江流域及其以南地区。信阳有栽培。阳性树种，喜光、耐阴，要求温暖湿润的气候和肥沃的土壤。酸性土、中性土或微碱性土均能适应。萌生性强，适应性强，较耐寒，耐干旱瘠薄。极耐修剪整形。对多种有毒气体抗性很强，抗烟吸尘功能也强。

景观应用：是污染区理想的绿化树种，常用于厂矿区绿化，或用作绿篱、地被绿化，亦可修剪造型，用于公园、绿地作景观配置。

6. 扶芳藤 *Euonymus fortunei*（Turcz.）Hand.-Mazz

识别要点：**常绿藤本灌木**。茎枝**常有多数气生根**，小枝有细密微突状皮孔。叶对生，薄革质，椭圆形，稀为长方椭圆形或长倒卵形，先端渐尖，基部狭楔形，边缘有**不明显齿浅**。聚伞花序具长梗，小聚伞花密集，有花，分枝中央有单花，花白绿色，花盘方形，花丝细长，花药圆心形，子房三角锥状。蒴果粉红色，果皮光滑，**近球状**。种子长方椭圆状，棕褐色。花期5~7月，果期10~11月。

生态习性：分布于江苏、浙江、安徽、江西、湖北、湖南、四川、陕西等地。信阳有分布。性喜温暖、湿润环境，喜阳光，亦耐阴。对土壤适应性强，适于疏松、肥沃的沙壤土生长。

景观应用：枝叶茂盛丰满，终年常绿，有很强的攀缘能力，是优良的垂直绿化树种，常用于墙垣、山石、树木等垂直绿化。

四十一、槭树科

1. 建始槭 *Acer henryi* Pax

识别要点：落叶小乔木，高约10 m。树皮灰褐色，幼枝有短柔毛。**复叶对生**，小叶3，薄纸质，椭圆形，长6~12 cm，宽3~5 cm，顶端具钝尖头，基部楔形，全缘或**顶端具3~5稀疏钝锯齿**；嫩时两面都有短柔毛，下面脉上较密，后逐渐减少，仅脉腋有丛毛；叶柄及小叶柄都有短柔毛。总状花序下垂，长7 cm，有短柔毛，常生于2~3年生的老枝上；花杂性或雌雄异株；萼片4，无花瓣及花盘；子房无毛，花柱短。总状果序下垂，**翅果长2~2.5 cm**，张开成锐角或直立。花期4~5月，果期8~9月。

生态习性：分布于山西南部、河南、陕西、甘肃、江苏、浙江、安徽、湖北、湖南、四川、贵州等地。信阳有分布。喜土层深厚、肥沃的中壤土，忌选沙土地和涝渍土地。

景观应用:建始槭树姿优美,果形奇特,新梢绯红,秋叶金黄或鲜红,是优良彩叶树种,常孤植、列植于公园、绿地、湖畔、溪边作景观配置。

2. 花叶复叶槭 *Acer negundo* var. *variegatum* Jacq.

识别要点:落叶灌木,小枝光滑,绿色有时带紫红色。**羽状复叶对生,小叶 3~5 枚**,春季萌发时小叶卵形,有**不规则锯齿**,叶色呈黄、白粉、红粉色。成熟叶呈现黄白色与绿色相间的斑驳状。花单性,无花瓣。花期 3~4 月,果期 8~9 月。

生态习性:原产美国。信阳有引种栽培。喜光,喜冷凉气候,耐干冷,耐轻盐碱,喜深厚、肥沃、湿润土壤,稍耐水湿,抗烟尘能力强。

景观应用:为春、秋季观叶树种,常用作行道树、庭荫树,或孤植、列植、散植于公园、绿地、水畔作景观配置。

3. 青榨槭 *Acer davidii* Franch.

识别要点:落叶乔木,高 10~15 m。树皮黑褐色或灰褐色,常纵裂成蛇皮状。小枝细瘦,圆柱形,无毛。**单叶对生**,叶纸质,卵形或长卵形,长 6~14 cm,宽 4~9 cm,先端锐尖或渐尖,基部近心形或圆形,边缘**具不整齐的锯齿**,嫩时沿叶脉有褐色短柔毛,后变无毛。总状花序顶生,下垂;花黄绿色,杂性,雄花与两性花同株,雄花 9~12 朵;花序及花梗都较短;两性花常 15~30 朵,花序长 7~12 cm,萼片 5;雄蕊 8,子房有红褐色短柔毛。翅果嫩时淡绿色,成熟后黄褐色,长 2.5~2.8 cm,展开成钝角或近水平。花期 5~6 月,果期 9~10 月。

生态习性:分布于华北、华东、中南、西南各省区。信阳有分布。常生于海拔 500~1 500 m 的疏林中。耐 -30~-35 ℃的低温。耐瘠薄,适宜中性土壤。常生于海拔 500~1 500 m 的疏林中。

景观应用:树冠整齐,叶秋季变鲜红色,后转为橙黄色,最后呈暗紫色,为美丽的观叶植物。常作行道树或孤植、列植或散植于公园、绿地作景观配置。

4. 中华械 *Acer sinense* **Pax**

识别要点:落叶小乔木,高 3 ~ 5 m。树皮平滑,淡黄褐色或深黄褐色。**单叶对生**,近革质,长 10 ~ 14 cm,宽 12 ~ 15 cm,先端锐尖,**基部心形**,常 5 裂至叶片的 1/2,裂片边缘近基部全缘外,其余具**密贴的锯齿**,上面深绿色,下面淡绿色,脉腋有黄色丛毛。圆锥花序顶生,下垂,长 5 ~ 9 cm。花为杂性,萼片 5,绿色,边缘具纤毛。花瓣 5,白色;雄蕊 5 ~ 8,花盘肥厚,微有疏柔毛,子房

有白色疏柔毛。翅果淡黄色,张开成钝角或近于水平;小坚果特别凸起,脉纹显著。花期 4 ~ 5 月,果期 8 ~ 9 月。

生态习性:分布于湖北西部、四川、湖南、贵州、广东、广西等地。信阳有分布。生于海拔 1 200 ~ 2 000 m 的混交林中。喜温润肥沃的地方,避免阳光直射。一般生于海拔 1 500 ~ 2 000 m 的林缘或疏林中。

景观应用:常植于林缘或疏林内作景观点缀。

5. 飞蛾械 *Acer oblongum* **Wall. ex DC.**

识别要点:**常绿或半常绿乔木**,高 10 ~ 20 m。**当年生枝紫色**或淡紫色,有柔毛或无毛,老枝褐色,无毛。**叶革质,全缘**,长圆卵形,**基出三脉**,基部钝形或近于圆形,先端渐尖或钝尖。花杂性,绿色或黄绿色,雄花与两性花同株,常成被短毛的伞房花序,顶生于具叶的小枝;萼片 5,长圆形,先端钝尖;花瓣 5,倒卵形;雄蕊 8,细瘦,无毛,花药圆形;花盘微裂,位于雄蕊外侧;子房被短柔毛,在雄花中不发育,花柱短,无毛,2 裂,柱头反卷。翅果嫩时绿色,成熟时淡黄褐色;小坚果凸起,翅张开近于直角。花期 4 月,果期 9 月。

生态习性:分布于陕西、甘肃、湖北、四川、贵州、云南和西藏等地。信阳有分布。喜阳、耐阴、喜湿、怕涝,喜土壤肥厚、疏松地段生长。

景观应用:秋季观叶树种,可用作行道树或孤植、散植、列植于公园、绿地作景观配置。

6.五角枫 *Acer mono* Maxim

识别要点:落叶乔木,株高达 20 m。**叶掌状 5 裂**,裂片较宽,先端尾状锐尖,裂片不再分为 3 裂,**叶基部常心形**,最下部 2 裂片不向下开展,但有时可再裂出 2 小裂片而成 7 裂;裂片卵状三角形**全缘**,两面无毛,网脉两面明显隆起。花黄绿色,顶生伞房花序。果翅展开为**钝角**,长约为果核的 2 倍。花期 4 ~ 5 月,果期 9 ~ 10 月。

生态习性:分布于东北、华北至长江流域。信阳有分布。温带树种,弱度喜光,稍耐阴,喜温凉湿润气候,对土壤要求不严,在中性、酸性及石灰性土上均能生长,但以土层深厚、肥沃及湿润之地生长最好。

景观应用:树姿优美,秋叶变亮黄色或红色,适宜做庭荫树、行道树及风景林树种。

7.三角槭 *Acer buergerianum* Miq.

识别要点:落叶乔木,高约 10 m。树皮褐色或深褐色,粗糙。小枝细瘦,当年生枝紫色或紫绿色,近于无毛;多年生枝淡灰色或灰褐色,稍有蜡粉。单叶,对生,纸质,**通常浅 3 裂**,基部近于圆形或楔形,外貌椭圆形或倒卵形,长 6 ~ 10 cm,通常浅 3 裂,裂片向前延伸。伞房花序顶生,有短柔毛,开花在叶长大以后;花梗长 5 ~ 10 mm,细瘦,嫩时被长柔毛,渐老

近于无毛。冬芽小,褐色,长卵圆形鳞片内侧被长柔毛。小坚果凸出,果翅展开成**锐角**。花期 4 ~ 5 月,果期 9 ~ 10 月。

生态习性:分布于山东、河南、江苏、浙江、安徽、江西、湖北、湖南、贵州和广东等地。信阳有分布。喜光,稍耐阴,喜温暖湿润气候,稍耐寒,较耐水湿,耐修剪。树系发达,根蘖性强。

景观应用:优良观叶树种。宜作庭荫树、行道树及护岸树种,亦可作盆景材料。

8. 元宝槭 *Acer truncatum* Bunge

识别要点: 落叶乔木,高达 8~10 m。**单叶对生**,纸质,长 5~10 cm,宽 6~15 cm,全缘,先端急尖,**基部截形**,常 5 裂,全缘,裂片三角形,裂片间缺刻成锐角,下面仅嫩时脉腋有丛毛,主脉 5 条,掌状;叶柄长 3~5 cm。伞房花序顶生,花常黄绿色,雄花与两性花同株;萼片 5,花雕绿色;花瓣 5,黄色或白色,矩圆状倒卵形;雄蕊 8,着生于内侧边缘上,花盘微裂;子房扁平

形。小坚果扁平,翅矩圆形,**翅与果核近等长**,张开成钝角。花期 4~5 月,果期 9~10 月。

生态习性: 分布于吉林、辽宁、内蒙古、河北、山西、山东、江苏北部(徐州以北地区)、河南、陕西、及甘肃等地。信阳有分布。喜阳光充足的环境,但怕高温暴晒,又怕下午西晒强光,稍耐阴。能抗 −25 ℃ 左右的低温、耐旱,忌水涝。

景观应用: 树形优美,枝叶浓密,入秋后颜色渐变红,常用作行道树或风景林树种。

9. 鸡爪槭 *Acer palmatum* Thunb.

识别要点: 落叶小乔木。树皮深灰色,树冠伞形。小枝细瘦,紫色或灰紫色。**叶对生**,掌状,**常 7 深裂**,长卵形或披针形,**裂片密生尖锯齿**。后叶开花,花紫色,杂性,雄花与两性花同株,伞房花序;萼片及花瓣均为 5,雄蕊 8,花盘微裂。翅果幼时紫红色,成熟后为棕黄色,果核球形,脉纹显著,**两翅成钝角**。花期 4~5 月,果期 9~10 月。

生态习性: 分布于山东、河南南部、江苏、浙江、安徽、江西、湖北、湖南、贵州等地。信阳有栽培。喜疏阴的环境,抗寒性强,能忍受较干旱的气候条件。多生于阴坡湿润山谷,耐酸碱,较耐燥,不耐水涝,适应于湿润和富含腐殖质的土壤。

景观应用: 叶形美观,秋后转为鲜红色,为优良的观叶树种。常孤植、列植或散植于公园、绿地作景观配置。

10. 红枫 *Acer palmatum* 'Atropurpureum'

识别要点:鸡爪槭的栽培品种,落叶小乔木。树高 2 ~ 4 m,枝条多细长光滑,**紫红色**。**叶紫红色**,掌状,5 ~ 7 深裂纹,直径 5 ~ 10 cm,裂片卵状披针形,先端尾状尖,**裂片边缘有重锯齿**。花顶生伞房花序,紫色。翅果,翅长 2 ~ 3 cm,两翅间呈钝角。早春发芽时,嫩叶艳红密生白色软毛,叶片舒展后渐脱落,叶色亦由艳丽转淡紫色甚至泛暗绿色。

生态习性:原产于江苏、江西、湖北等地。信阳有栽培。喜湿润、温暖的气候和凉爽的环境,喜光但忌烈日暴晒,属中性偏阴树种,较耐阴。对土壤要求不严,适宜在肥沃、富含腐殖质的酸性或中性沙壤土上生长,不耐水涝。

景观应用:树姿美观,叶形优美,红色鲜艳持久,常用作庭院观赏树,或孤植、散植公园、绿地作景观配置,亦可片植营造景观林,也是制作盆景的好材料。

11. 羽毛槭 *Acer palmatum* 'Dissectum'

识别要点:鸡爪槭的栽培品种,落叶灌木,高一般不超过 4 m。树冠开展,叶片细裂。小枝光滑,细长,紫色或灰紫色。单叶对生,掌状 7 裂,叶片掌状深裂几达基部,裂片狭长,又羽状细裂。翅果平滑。花期 5 月,果期 10 月。

生态习性:分布于长江流域一带。信阳有栽培。喜温暖气候,不耐寒。

景观应用:叶形优美,秋叶深黄至橙红色,常用于庭院观赏或植于公园、绿地作景观点缀,也是制作盆景的好材料。

12.红花槭　*Acer rubrum* L.

识别要点：大型乔木，**树干直**，树高可达 30 m，冠幅 12 m，树形呈椭圆形或圆形。茎干光滑无毛，有皮孔。**叶片 3~5 裂，手掌状，裂片上具粗锯齿**，叶长 5~10 cm；新生的叶子正面呈微红色，之后变成绿色，直至深绿色，叶背面是灰绿色；秋天叶子由黄绿色变成黄色，最后成为红色。春天开花，花小芳香，多红色，稀淡黄。果实为翅果，红色，长 2.5~5 cm。花期 3~4 月。

生态习性：分布于北京、河北、山东、辽宁、吉林、河南、陕西、安徽、江苏、上海、浙江、江西、湖南、湖北、云南、四川、新疆等地。信阳有栽培。喜温暖湿润的气候环境，耐旱、怕涝，稍喜光，幼树喜阴，适合沙土、黏土等多种土壤环境，耐涝、耐肥，但不耐旱，不耐盐。

景观应用：树冠整洁，秋季色彩夺目，常用作行道树或庭院观赏树，或孤植、列植、散植于公园、绿地等作景观配置，亦可片植营造景观林。

13.血皮槭　*Acer griseum*（Franch.）Pax

识别要点：落叶乔木，高可达 20 m。**树皮赭褐色**，小枝圆柱形，当年生枝**淡紫色**，密被淡黄色长柔毛，多年生枝**深紫色**或深褐色，2~3 年的枝上尚有柔毛宿存。**三出复叶**，叶片纸质，卵形，椭圆形或长圆椭圆形，顶生的小叶片基部楔形或阔楔形。聚伞花序有长柔毛，常仅有 3 花；花淡黄色，杂性，雄花与两性花异株；花丝无毛，花药黄色。小坚果黄褐色，凸起，近于卵圆形

或球形，长 8~10 mm，宽 6~8 mm，密被黄色茸毛；翅宽 1.4 cm，连同小坚果长 3.2~3.8 cm，张开近于锐角或直角。花期 4 月，果期 9 月。

生态习性：分布于河南西南部、陕西南部、甘肃东南部、湖北西部和四川东部。信阳有分布。中、高山分布植物，集中分布在 1 000~1 800 m，几乎全部分布在半阳坡、半阴坡、阴坡及沟谷环境中。

景观应用：优良的彩叶树种，叶变色于 10 月、11 月，从黄色、橘黄色至红色，落叶晚，观赏价值极高，常作为行道树或风景林树种。

四十二、七叶树科

1. 七叶树 *Aesculus chinensis* Bunge

识别要点:落叶乔木,株高达20 m。树皮灰褐色,老时呈鳞片状剥落,枝条粗壮,棕色或赤褐色,光滑无毛。**掌状复叶对生**,叶柄长6～10 cm,小叶5～7,纸质,长倒披针形或矩圆形,先端渐尖,叶表深绿,背面黄绿,边缘具钝尖的细锯齿。顶生圆锥花序,花杂性,白色;花萼5裂,花瓣4,不等大;雄蕊6,子房在雄花中不发育。**蒴果近球形**,棕黄色顶端扁平略凹下,**密生疣点**。种子近球形,种脐淡白色。花期5～6月,果期10～11月。

生态习性:分布于陕西、湖北等地。信阳有栽培。深根性树种,寿命长;较耐寒冷,怕干热,在沙质壤土上生长良好。

景观应用:是观叶、观花、观果俱佳的观赏植物,常用作庭荫树、行道树,或对植、列植、片植于公园、绿地作主景树。

四十三、无患子科

1. 栾树 *Koelreuteria paniculata* Laxm.

识别要点:落叶乔木,高10～30 m。树冠广圆形,侧枝开展;树皮厚,灰褐色至灰黑色,老时纵裂;皮孔小,灰至暗褐色;小枝暗褐色。**一回、不完全二回或偶有二回羽状复叶**,叶轴、叶柄均被皱曲的短柔毛或无毛。花瓣4,开花时向外反折,被长柔毛,雄蕊8枚,花丝下半部密被白色、开展的长柔毛。**蒴果圆锥形**顶端渐尖,果瓣卵形,**有网纹**。种子近球形。花期5～7月,果期8～9月。

生态习性:分布于中国北部及中部大部分省区。信阳有分布。多生于山坡沟边或杂木林中,喜光,稍耐半阴,耐寒,可抗−25 ℃低温,但是不耐水淹,抗风能力较强。

景观应用:春季观叶、夏季观花、秋冬观果,常用作庭荫树、行道树,或孤植、列植、散植于公园、绿地等作主景树。

2. 黄山栾 *Koelreuteria bipinnata* Franch. var. *integrifoliola*(Merr.) T. Chen

识别要点:落叶乔木,高 20 m。树皮灰褐色,纵裂;小枝棕红色,无毛,皮孔密生。叶互生,**二回奇数羽状复叶**,总轴近无毛;小叶 5 ~ 7 个,互生,厚纸质,长椭圆状卵形,先端渐尖,基部近圆形;**全缘**,表面深绿色,具光泽,背面浅灰绿色,叶脉明显,被短柔毛。圆锥花序,顶生,花序分枝和花梗被柔毛,子房和花丝基部被灰色茸毛。蒴果,扁椭圆形,**膀胱状膜质**。花期 6 ~ 7 月,果期 9 ~ 10 月。

生态习性:产于云南、贵州、四川、湖北、湖南、广西、广东等省区。信阳有栽培。喜温暖湿润气候,喜光,亦稍耐半阴,喜生长于石灰岩土壤,也能耐盐渍性土、耐寒、耐旱、耐瘠薄,并能耐短期水涝。

景观应用:树形端正,枝叶茂密而秀丽,春季嫩叶紫红,夏季开花满树金黄,入秋蒴果鲜红,是良好的三季可观赏的绿化美化树种。常用作庭荫树、行道树,或孤植、列植、散植于公园、绿地等作主景树。

3. 无患子 *Sapindus mukorossi* Gaertn.

识别要点:落叶乔木,高 10 ~ 18 m。一回羽状复叶,叶互生,**小叶近似对生**。圆锥花序,顶生及侧生;花杂性,花冠淡绿色,有短爪;花盘杯状,花丝有细毛,药背部着生,两性花雄蕊小,花丝有软毛。**核果球形,基部常有未正常发育残存的果爿**,熟时黄色或棕黄色。种子球形,黑色。花期 5 ~ 7 月,果期 9 ~ 10 月。

生态习性:分布于中国东部、南部至西南部。信阳有分布。喜光,稍耐阴,耐寒能力较强。对土壤要求不严,深根性,抗风力强。不耐水湿,能耐干旱。萌芽力弱,不耐修剪。生长较快,寿命长。

景观应用:常用作行道树。

四十四、鼠李科

1. 铜钱树 *Paliurus hemsleyanus* Rehd.

识别要点:乔木,稀灌木,高达13 m;**幼树及萌生枝叶柄基部有斜向直立的针刺**。小枝黑褐色或紫褐色,无毛。叶互生,纸质或厚纸质,宽椭圆形、**卵状椭圆形或近圆形**,长4~12 cm,宽3~9 cm,顶端长渐尖或渐尖,基部偏斜,宽楔形或近圆形,边缘具圆锯齿或钝细锯齿,两面无毛,**基生三出脉**。聚伞花序或聚伞圆锥花序,顶生或兼有腋生,无毛;萼片三角形或宽卵形;花瓣匙形,雄蕊长于花瓣;花盘五边形,5浅裂。核果草帽状,**有宽翅**,红褐色或紫红色,无毛,直径2~3.8 cm;果梗长1.2~1.5 cm。花期4~6月,果期7~9月。

生态习性:分布于中国甘肃、陕西、河南、安徽、江苏、浙江、江西、湖南、湖北、四川、云南、贵州、广西和广东等地。信阳有分布。喜光,喜温暖气候,稍耐阴,耐寒性不强,喜湿润而排水良好的微酸性土壤。

景观应用:树干高大,果形特别,可用作行道树或庭院绿化,或公园、绿地作景观配置。

2. 对节市 *Sageretia subcaudata* Schneid.

识别要点:藤状或直立灌木,小枝黑褐色,无毛或被疏短柔毛。叶纸质或薄革质,**近对生或互生**,卵形、卵状椭圆形、矩圆形或矩圆形,长4~10(13) cm,宽2~4.5 cm,顶端尾状渐尖或长渐尖,上面绿色,无毛,**下面初时被柔毛**,成叶仅沿脉被疏柔毛;叶柄长5~11 mm,上面具沟,**被密或疏柔毛**;托叶丝状,长达6 mm。花无梗,黄白色或白色;通常单生或2~3个簇生排成顶生或腋生疏散穗状或穗状圆锥花序;花序轴长3~6 cm,被黄色茸毛。核果球形,具2分核,**成熟时黑色**。种子宽倒卵形,黄色,扁平。花期7~11月,果期翌年4~5月。

生态习性:分布于中国四川、甘肃、陕西等地。信阳有栽培。喜温暖湿润、半阴半湿环境,耐干旱,耐水湿,不耐寒,通常生长于海拔700~2 800 m的山地灌丛或疏林中。

景观应用:盆景材料或用作绿篱。

3. 冻绿 *Rhamnus utilis* Decne.

识别要点：落叶灌木或小乔木，高达 4 m。幼枝无毛，小枝褐色或紫红色，稍平滑，对生或近对生，**枝端常具针刺**，腋芽小。叶纸质，**对生或近对生**，或在短枝上簇生，椭圆形、矩圆形或倒卵状椭圆形，长 4～15 cm，宽 2～6.5 cm，顶端突尖或锐尖，基部楔形或稀圆形，边缘具细锯齿或圆齿状锯齿，上面无毛或中脉被疏柔毛，下面干后黄色或金黄色，**沿脉或脉腋被金黄色柔毛**；侧脉 5～6

对，两面均凸起，具明显的网脉。花单性，雌雄异株，4 基数，具花瓣；雄花数朵至 30 余朵簇生，雌花 2～6 朵簇生。核果圆球形或近球形，成熟时呈**黑色**，具 2 分核，无毛。种子背侧基部有短沟。花期 4～6 月，果期 5～8 月。

生态习性：分布于甘肃、陕西、河南、河北、山西、安徽、江苏、浙江、江西、福建、广东、广西、湖北、湖南、四川、贵州等地。信阳有分布。耐寒，稍耐阴，耐干旱瘠薄，不择土壤，适应性强。

景观应用：常丛植或片植公园、绿地作景观配置。

4. 长叶鼠李 *Rhamnus crenata* Sieb. et Zucc.

识别要点：小乔木，枝无枝刺。幼枝有**锈色短柔毛**，后渐脱落。叶长 4 cm **以上**，呈椭圆状卵形、披针形或倒卵形，先端尖或尾状，基部圆形，边缘有细锯齿。核果球形或倒卵状球形，熟时黑或紫黑色。花期 5 月，果期 7～9 月。

生态习性：分布于河南、山东、安徽、浙江、江西、福建、台湾、湖北、湖南、广东、广西、贵州等地。信阳有分布。喜光，稍耐阴，耐瘠薄，常自然生长于向阳山坡和疏林中。

景观应用：常丛植于公园、绿地等作景观配置。

5. 枳椇 *Hovenia acerba* Lindl.

识别要点:高大乔木,高 10～25 m,小枝褐色或黑紫色。叶互生,厚纸质至纸质,**宽卵形**、椭圆状卵形或心形,顶端长或短渐尖,基部截形或心形,常具细锯齿,稀近全缘,**基出三脉**,上面无毛,下面沿脉或脉腋常被短柔毛或无毛。花序为顶生和腋生的二歧式聚伞圆锥花序,花柱半裂或几深裂至基部,花瓣椭圆状匙形。果实较小,浆果状核果近球形,成熟时黄褐色或棕褐色,**果序轴明显膨大**,霜后可食。花期 5～7 月,果期 8～10 月。

生态习性:分布于甘肃、陕西、河南、安徽、江苏、浙江、江西、福建、广东、广西、湖南、湖北、四川、云南、贵州等地。信阳有分布。喜光,耐阴性,耐寒,怕积水,生于海拔 2 100 m 以下的开旷地、山坡林缘或疏林中。

景观应用:常用于庭院绿化或行道树,或孤植、列植、散植于公园、绿地等作主景树。

6. 枣树 *Ziziphus jujuba* Mill.

识别要点:落叶小乔木,稀灌木,高达 10 m,树皮褐色或灰褐色。叶纸质,有长枝(枣头)和短枝(枣股),**长枝"之"字形曲折,具 2 个托叶刺**,叶长椭圆状卵形,先端微尖或钝,基部歪斜,**基出三出脉**。花黄绿色,两性,无毛,具短总花梗,单生或密集成腋生聚伞花序;花瓣倒卵圆形,基部有爪,与雄蕊等长;**具内质厚花盘**,圆形,5 裂。核果矩圆形或是长卵圆形,长 2～3.5 cm,直径

1.5～2 cm,成熟后由红色变红紫色,中果皮肉质、厚、味甜。种子扁椭圆形,长约 1 cm,宽 8 mm。花期 5～7 月,果期 8～9 月。

生态习性:分布于吉林、辽宁、河北、山东、山西、陕西、河南、甘肃、新疆、安徽、江苏、浙江、江西、福建、广东、广西、湖南、湖北、四川、云南、贵州等地。信阳有分布。喜光、喜温,耐旱、耐涝、耐贫瘠、耐盐碱,怕风,长于海拔 1 700 m 以下的山区、丘陵或平原。

景观应用:宜在庭园、路旁散植或成片栽植,老根古干可作树桩盆景。

四十五、葡萄科

1. 地锦 *Parthenocissus tricuspidata*（Sieb. & Zucc.）Planch.

识别要点：**木质藤本**。小枝圆柱形，几无毛或微被疏柔毛。**卷须5～9分枝**，先端扩大成**吸盘**。单叶互生，通常着生在短枝上，为3浅裂，叶片通常倒卵圆形，顶端裂片急尖，基部心形，边缘有粗锯齿，上面绿色，无毛，下面浅绿色，无毛或中脉上疏生短柔毛，基出脉5，中央脉有侧脉3～5对，网脉上面不明显，下面微突出。花序着生在短枝上，基部分枝，形成多歧聚伞花序；花蕾倒卵椭圆形，顶端圆形；萼碟形，边缘全缘或呈波状，无毛；花瓣5，长椭圆形，无毛；雄蕊5，花柱明显，基部粗。**浆果球形**，有种子1～3颗。种子倒卵圆形，顶端圆形，基部急尖成短喙。花期5～8月，果期9～10月。

生态习性：分布于华北、华东、中南、西南各地。信阳有分布。喜阴湿，耐旱、耐寒。

景观应用：很好的垂直绿化植物，适宜墙壁、石壁、陡坡等垂直绿化。

2. 五叶地锦 *Parthenocissus quinquefolia*（L.）Planch.

识别要点：**木质藤本**。小枝圆柱形，无毛。卷须总状5～9分枝，相隔2节间断与叶对生，顶端嫩时尖细卷曲。**掌状复叶，小叶5**，顶端短尾尖，基部楔形或阔楔形，边缘锯齿，上面绿色，下面浅绿色，两面无毛；侧脉5～7对，网脉不明显；叶柄无毛。圆锥状多歧聚伞花序，长8～20 cm；花蕾椭圆形，顶端圆形；萼片碟形，无毛；花瓣，花药长椭圆形，花盘不明显，子房卵锥形。**浆果球形**，直径1～1.2 cm。有种子1～4颗，种子倒卵形。花期6～7月，果期8～10月。

生态习性：中国东北、华北各地栽培。喜温暖气候，具有一定的耐寒能力，耐阴，耐贫瘠。信阳广泛分布。

景观应用：常用于墙壁、廊架、山石或老树干的垂直绿化，也可做地被植物。

四十六、椴树科

1. 华东椴 *Tilia japonica* Simonk.

识别要点：落叶乔木,高达 15 m。树皮灰白色,平滑;**小枝红褐色,无毛**,具明显皮孔;冬芽具数枚芽鳞,无毛。叶革质,圆形或扁圆形,单叶互生,叶片大,卵形,宽卵形或卵圆形,**边缘有锐细锯齿**,顶端锐尖至短渐尖,边缘疏生柔毛或无毛,下面灰白色,常被白粉,基部心形,整正或稍偏斜,有时截形,上面无毛,下面除脉腋有毛丛外,余皆秃净无毛。果卵圆形,**无棱突**。花期 6 ~ 7 月,果熟期 8 ~ 9 月。

生态习性：分布于山东、安徽、江西、浙江、湖北等地。信阳有分布。喜光,喜温凉湿润气候,不耐水湿沼泽地,耐寒,抗毒性强,虫害少。

景观应用：优良的行道树和庭院观赏树种。

2. 南京椴 *Tilia miqueliana* Maxim

识别要点：椴树科椴树属植物,乔木,高 20 m。树皮灰白色,**嫩枝有黄褐色茸毛**,顶芽卵形,被黄褐色茸毛。叶卵圆形,下面被灰或灰**黄色星状柔毛**。聚伞花序长 6 ~ 8 cm,有花 3 ~ 12 朵,花序柄被灰色茸毛。果实球形,**无棱,被星状柔毛**,有小突起。花期 7 月。

生态习性：在中国分布于江苏、浙江、安徽、江西、广东。北美、欧洲等植物园、树木园均有引种栽培。喜温暖湿润气候,适应能力强,耐干旱瘠薄,对土壤具有改良作用。

景观应用：南京椴叶大荫浓、花香馥郁,为优良的行道树、广场绿化和庭园绿树种。

四十七、梧桐科

1. 梧桐 *Firmiana simplex*（Linnaeus）**W. Wight**

识别要点：落叶乔木,高达 16 m。**树皮青绿色**,平滑。叶心形,**掌状 3～5 裂**,直径 15～30 cm,裂片三角形,顶端渐尖,基部心形,两面均无毛或略被短柔毛,基生脉 7 条,**叶柄与叶片等长**。圆锥花序顶生,长 20～50 cm,花淡黄绿色,萼 5 深裂几至基部,萼片条形,向外卷曲,长 7～9 mm,外面被淡黄色短柔毛,内面仅在基部被柔毛;花梗与花几等长;雄花的雌雄蕊柄与萼等长,下半部较粗,无毛,花药 15 个不规则地聚集在雌雄蕊柄的顶端,退化子房梨形且甚小;雌花的子房圆球形,被毛。**蓇葖果膜质**,有柄,成熟前开裂成叶状,长 6～11 cm、宽 1.5～2.5 cm,外面被短茸毛或几无毛,每蓇葖果有种子 2～4 个。种子圆球形,表面有皱纹,直径约 7 mm。花期 6 月。

生态习性：分布于黄河流域以南各省。信阳有分布。喜光,喜温暖湿润气候,耐寒、耐旱。适生于肥沃、湿润的沙质壤土。根肉质,不耐水渍,深根性,萌芽力弱。生长尚快,寿命长。

景观应用：常作为行道树及庭园观赏树。

四十八、锦葵科

1. 市芙蓉 *Hibiscus mutabilis* **Linn.**

识别要点：落叶灌木或小乔木,高 2～5 m。小枝、叶柄、花梗和花萼均**密被星状毛及细绵毛**。叶宽卵形至圆卵形或心形,常 5～7 裂,裂片三角形,先端渐尖,具钝圆锯齿,上面疏被星状细毛和点,**下面密被星状细茸毛**;托叶披针形,常早落。花大,单生于枝端叶腋间,萼钟形,花初开时白色或淡红色,后变深红色,**单体雄蕊**,柱长 2.5～3 cm,无毛;花柱枝疏被毛。蒴果扁球形,**被淡黄色刚毛和绵毛**。

生态习性:原产湖南。信阳有栽培。喜光,稍耐阴;喜温暖湿润气候,不耐寒,喜肥沃、湿润而排水良好的沙壤土;生长较快,萌蘖性强。

景观应用:常用于庭园观赏,或孤植、丛植于公园、绿地作景观配置,或栽作花篱。

2. 木槿 *Hibiscus syriacus* Linn.

识别要点:落叶灌木,高 3 ~ 4 m,小枝密被黄色星状茸毛。叶菱形至三角状卵形,长 3 ~ 10 cm,宽 2 ~ 4 cm,**具深浅不同的 3 裂或不裂**,先端钝,基部楔形,边缘具**不整齐齿缺**,下面沿叶脉微被毛或近无毛。花大,单生于枝端叶腋间,花萼钟形,长 14 ~ 20 mm,密被星状短茸毛,**单体雄蕊**,雄蕊柱长;花朵色彩有纯白、淡粉红、淡紫、紫红等,花形呈钟

状,有单瓣、复瓣、重瓣几种。蒴果卵圆形,直径约 12 mm,密被黄色星状茸毛。种子肾形,背部被黄白色长柔毛。花期 7 ~ 10 月。

生态习性:分布于中部各省。信阳有分布。对环境的适应性很强,较耐干燥和贫瘠,尤喜光和温暖潮润的气候。稍耐阴,喜温暖、湿润气候,耐修剪,耐热又耐寒。

景观应用:夏、秋观花灌木,常用作绿篱、花篱,或孤植、散植于公园、绿地作景观配置。

四十九、猕猴桃科

1. 中华猕猴桃 *Actinidia chinensis* Planch

识别要点:**大型落叶藤本**,幼枝或厚或薄地被有灰白色茸毛或褐色长硬毛或铁锈色硬毛状刺毛,老时秃净或留有断损残毛。叶纸质,倒阔卵形至倒卵形,顶端截平形并中间凹入或具突尖、急尖至短渐尖。聚伞花序 1 ~ 3 花,花序柄长 7 ~ 15 mm,花柄长 9 ~ 15 mm;苞片小,卵形或钻形,长约 1 mm,均被灰白色丝状茸毛或黄褐色茸毛。**果黄褐色**,近球形、圆柱形、倒卵形或椭圆形,长 4 ~ 6 cm,**密被茸毛、长硬毛或刺毛状长硬**

毛,成熟时秃净或不秃净,具小而多的淡褐色斑点;宿存萼片反折;种子纵径 2.5 mm。

生态习性:分布于长江流域,北纬23°~24°的亚热带山区,如河南、陕西、湖南、江西、四川、福建、广东、广西、台湾等地。信阳有分布。喜欢腐殖质丰富、排水良好的土壤;分布于较北的地区则喜生于温暖湿润、背风向阳环境。

景观应用:常用于廊、架等绿化。

五十、山茶科

1. 茶 *Camellia sinensis*（L.）O. Ktze.

识别要点:**常绿灌木**或小乔木,**嫩枝无毛**。叶革质,长圆形或椭圆形,长 4~12 cm,宽 2~5 cm,先端钝或尖锐,基部楔形,侧脉 5~7 对,边缘有锯齿;叶柄长 3~8 mm,无毛。花 1~3 朵腋生;苞片 2 片,早落;萼片 5 片,阔卵形至圆形,长 3~4 mm;花瓣 5~6 片,白色,阔卵形;**雄蕊多数**;子房密生白毛;花柱无毛,先端 3 裂,裂片长 2~4 mm。**蒴果 3 半球形凸起**。花期 10 月至翌年 2 月。

生态习性:原分布于西南地区,包括云南、贵州、四川等。信阳有栽培。喜温暖湿润气候,多生长在丘陵和山地,喜排水良好的土壤,土壤酸碱度在 pH 值 4.0~6.5 为适宜。

景观应用:可用作绿篱或地被植物。

2. 山茶 *Camellia japonica* L.

识别要点:常绿灌木或小乔木,高 9 m,**嫩枝无毛**。叶革质,椭圆形,先端略尖,基部阔楔形,上面深绿色,干后发亮,无毛,下面浅绿色。花顶生,**红色**,无柄;苞片及萼片约 10 片,花瓣 6~7 片,外侧 2 片近圆形。蒴果**圆球形**,直径 2.5~3 cm,2~3 室,每室有种子 1~2 个,3 片裂开,果片厚木质。花期 1~4 月。

生态习性:分布于浙江、江西、四川、重庆及山东等地。信阳有栽培。喜温暖、湿润和半阴环境。怕高温,忌烈日。碱性土壤不适宜茶花生长。

景观应用:优良的庭院观赏树种和园林景观树种,可孤植、散植、片植于公园、绿地作景观配置,亦可作盆景材料。

3.油茶 *Camellia oleifera* Abel

识别要点:常绿小乔木或灌木。**幼枝被粗毛**。叶革质,椭圆形或倒卵形,先端钝尖,基部楔形,具**细齿**。花顶生,**花瓣白色**,倒卵形,先端**四缺或2裂**;雄蕊多数,花丝近离生;花柱顶端3裂。蒴果球形。

生态习性:分布于长江流域。信阳有分布。油茶喜温暖,怕寒冷,要求有较充足的阳光,水分充足,年降水量一般在1 000 mm以上,对土壤要求不甚严格,一般适宜土层深厚的酸性土。

景观应用:叶常绿,花色纯白,可作园林景观树种。在大面积的风景林中还可结合景观与生产进行栽培。

4.茶梅 *Camellia sasanqua* Thunb

识别要点:常绿小乔木,嫩枝有毛。叶革质,椭圆形,上面发亮,下面褐绿色,网脉不显著;边缘有细锯齿,叶柄稍被残毛。花大小不一,苞片及萼片被柔毛;花瓣阔倒卵形,雄蕊离生,子房被茸毛。蒴果球形,种子褐色,无毛。

生态习性:原产日本。信阳有栽培。性喜温暖湿润;喜光而稍耐阴,忌强光,宜生长在排水良好、富含腐殖质、湿润的微酸性土壤上。

茶梅较为耐寒,但盆栽一般以不低于-2 ℃为宜;畏酷热,抗性较强,病虫害少。

景观应用:树型娇小,枝条开放、分枝低,易修剪造型,信阳常盆栽。

五十一、藤黄科

1. 金丝桃 *Hypericum monogynum* L.

识别要点：小灌木，地上每生长季末半枯萎，地下为多年生。小枝纤细且多分枝。叶纸质、**无柄、对生、长椭圆形**。花顶生，单生或集合成聚伞花序，**花瓣和雄蕊金黄色**，雄蕊多数，常形成 5 束，花丝细长与花瓣基本等长。蒴果阔卵球形。花期 6~7 月。

生态习性：分布于河北、陕西、山东、江苏、安徽、江西、福建、台湾、河南、湖北、湖南、广东、广西、四川、贵州等地。信阳有分布。为温带树种，喜湿润、半阴之地。不耐寒，北方地区应将植株种植于向阳处，并于寒流到来之前在根部壅土，以保护植株的安全越冬。

景观应用：常用作地被植物或丛植、片植于公园、绿地等作景观点缀。

五十二、大风子科

1. 山桐子 *Idesia polycarpa* Maxim

识别要点：落叶乔木，高 8~21 m。树皮淡灰色，不裂；小枝圆柱形，细而脆，黄棕色，有明显的皮孔。叶薄革质或厚纸质，**卵形或心状卵形**，基部心形，掌状 5 出脉，叶缘疏生锯齿。花单性，雌雄异株或杂性，黄绿色，**缺花瓣**，排列成**顶生下垂**的圆锥花序，花序梗有疏柔毛。**浆果**成熟期**紫红色**，扁圆形。花期 4~5 月，果熟期 10~11 月。

生态习性：分布于甘肃南部、陕西南部、山西南部、河南南部、台湾北部和西南三省、中南二省、华东五省、华南二省等地。信阳有分布。喜光树种，不耐庇荫。喜深厚、潮润、肥沃、疏松土壤，在降水量 800~2 000 mm 地区的酸性、中性、微碱土壤上均能生长，耐低温。

景观应用：树形优美，果实长序，红果累累，可用于行道树或孤植、散植或片植于公园、绿地、水畔作主景树。

五十三、瑞香科

1. 结香 *Edgeworthia chrysantha* Lindl.

识别要点: 落叶灌木,高 0.7~1.5 m,**小枝粗壮**,褐色,三叉分枝,幼枝常被短柔毛,韧皮极坚韧,**叶痕大**,直径约 5 mm。叶长圆形,披针形至倒披针形,两面**被灰白色丝状柔毛**。花黄色,密被丝状毛,先叶开放,头状花序顶生或侧生,**下垂**,有花 30~50 朵,结成茸球状,果椭圆形,绿色。

生态习性: 分布于河北、陕西、江苏、安徽、浙江、江西、河南、广东、广西、四川、云南等地。信阳有栽培。喜半阴,盛夏避烈日,耐寒。

景观应用: 常作庭园观赏或植于庭前、林缘、路旁、绿地等作景观配置,亦可作盆景材料。

2. 芫花 *Daphne genkwa* Sieb. et Zucc

识别要点: 落叶灌木,高 0.3~1 m,多分枝;**皮褐色**,无毛;小枝圆柱形,幼枝黄绿色或紫褐色,密被**淡黄色丝状柔毛**,老枝紫褐色,无毛。**叶对生**,稀互生,纸质,卵形或卵状披针形至椭圆状长圆形,先端急尖或短渐尖,基部宽楔形或钝圆形,**全缘**,上面绿色,下面淡绿色。花先叶开放,紫色或淡紫蓝色,**花被联合成筒状**,外具丝状柔毛,花柱短或无,柱头**橘红色**。核果,椭圆形。花期 3~5 月,果期 6~7 月。

生态习性: 分布于河北、河南、山东、陕西、安徽、江苏、浙江、江西、湖北、湖南、福建、四川等地。信阳有分布。适宜温暖的气候,耐旱、怕涝,喜肥沃、疏松的沙质土壤。

景观应用: 常丛植、片植于公园、绿地等作景观配置。

五十四、胡颓子科

1. 蔓胡颓子 *Elaeagnus glabra* Thunb

识别要点:常绿蔓生或攀缘灌木,高达5 m,稀具刺;幼枝密被锈色鳞片,老枝鳞片脱落,灰棕色。叶革质或薄革质,卵形或卵状椭圆形,顶端渐尖或长渐尖、基部圆形,稀阔楔形,边缘全缘,微反卷,上面幼时具褐色鳞片,成熟后脱落,深绿色,具光泽,下面灰绿色或铜绿色,**被褐色鳞片**,侧脉6~8对。花淡白色,下垂,**密被银白色和散生少数褐色鳞片**,常3~7花密生于叶腋短小枝上成伞形总状花序。果实矩圆形,稍微有汁,长14~19 mm,**被锈色鳞片**,成熟时红色;果梗长3~6 mm。花期9~11月,果期翌年4~5月。

生态习性:分布于华北、华东、西南各省区和陕西、甘肃、青海、宁夏、辽宁等地。信阳有分布。多分布于沟谷、山坡灌木丛中。

景观应用:株形自然,红色果实下垂,常用作篱笆或景观点缀,亦可作盆景材料。

2. 胡颓子 *Elaeagnus pungens* Thunb.

识别要点:常绿直立灌木。高3~4 m,常具顶生或腋生的**枝刺**,长20~40 mm,有时较短,深褐色;幼枝微扁棱形,**密被锈色鳞片**,老枝鳞片脱落,黑色。叶革质,椭圆形或阔椭圆形,两端钝形或基部圆形,边缘微反卷或皱波状,上面幼时具银白色和少数褐色鳞片,成熟后脱落,**下面密被银白色和少数褐色鳞片**。花白色或淡白色,下垂,密被鳞片,1~3花生于叶腋锈色短小枝上。果实椭圆形,被褐色鳞片。花期9~12月,果期翌年4~6月。

生态习性:分布于江苏、安徽、浙江、江西、福建、台湾、湖北、湖南、广东、广西、四川、贵州等地。信阳有分布。较抗寒,能耐-8 ℃左右低温,也耐高温,有较强的耐阴力。对土壤要求不严,在中性、酸性和石灰质土壤上均能生长,耐干旱和瘠薄,不耐水涝。

景观应用:株形自然,红色果实下垂,常用作绿篱和景观点缀,亦可作盆景材料。

五十五、千屈菜科

1. 紫薇 *Lagerstroemia indica* L.

识别要点：落叶灌木或小乔木。紫薇树高可达 7 m，枝干多扭曲，**小枝具 4 棱**，略成**翅状，树皮成片状脱落，平滑**，灰色或灰褐色。**叶互生或有时对生**，纸质，椭圆形、阔矩圆形或倒卵形，幼时绿色至黄色。花色玫红、大红、深粉红、淡红色或紫色、白色，直径 3～4 cm，常组成**顶生圆锥花序**。蒴果椭圆状球形或阔椭圆形，成熟时或干燥时呈紫黑色，室背开裂。种子有翅，长约 8 mm。花期 6～9 月，果期 9～12 月。

生态习性：分布于广东、广西、湖南、福建、江西、浙江、江苏、湖北、河南、河北、山东、安徽、陕西、四川、云南、贵州等地。信阳有分布。喜温暖湿润的气候，喜光，略耐阴。喜肥，尤喜深厚、肥沃的沙质壤土，多生于潮湿之地。耐旱，忌涝，耐寒，萌蘖性强，耐修剪。

景观应用：紫薇花色、品种多，花期长，广泛用于庭园观赏树或孤植、列植、散植、片植于公园、绿地等作景观配置。矮化紫薇可作地被植物，或色块、色带拼图。紫薇也是良好的盆景材料。

2. 南紫薇 *Lagerstroemia subcostata* **Koehne.**

识别要点：落叶乔木或灌木，高可达 14 m；小枝通常**不具棱，树皮薄**，灰白色或茶褐色，无毛或稍被短硬毛。叶膜质，矩圆形，矩圆状披针形，稀卵形，顶端渐尖，基部阔楔形，上面通常无毛或有时散生小柔毛，下面无毛或微被柔毛或沿中脉被短柔毛，有时脉腋间有丛毛。**花小，直径约** 1 cm，白色或玫瑰色，组成顶生圆锥花序。蒴果椭圆形，种子有翅。花期 5～6 月，果期 7～10 月。

生态习性：分布于广东、广西、湖南、湖北、江西、福建、浙江、江苏、安徽、四川等地。喜温暖湿润的气候，喜光，略耐阴。喜肥，尤喜深厚、肥沃的沙质壤土，多生于潮湿之地。耐旱，忌涝，耐寒，萌蘖性强。

景观应用：常用作品种紫薇的砧木。

五十六、石榴科

1.石榴 *Punica granatum* L.

识别要点：落叶灌木或乔木,幼枝常具**棱角**,老枝近圆形,顶端常具**锐尖长刺**。**叶通常对生**,纸质,矩圆状披针形,顶端短尖、钝尖或微凹,基部短尖至稍钝形,上面光亮,侧脉稍细密;叶柄短。**花大**,1~5朵生枝顶;**萼筒肉质**,红色或淡黄色,裂片略外展,卵状三角形,外面近顶端有1黄绿色腺体,边缘有小乳突;花瓣通常大,红色、黄色或白色,顶端圆形;花丝无毛;花柱长超过雄蕊。

浆果近球形,通常为淡黄褐色或淡黄绿色,有时白色,稀暗紫色。种子多数,钝角形,红色至乳白色,肉质的外种皮供食用。花期5~7月,果期9~10月。

生态习性：原产东南亚南部,中国三江流域也有野生石榴群落。信阳有栽培。喜温暖向阳的环境,耐旱、耐寒,也耐瘠薄,不耐涝和荫蔽。

景观应用：优良的观花、观果树种,常用于庭院栽植,或孤植、群植于公园、绿地等作景观配置,也是优良的盆景材料。

五十七、蓝果树科

1.喜树 *Camptotheca acuminata* Decne.

识别要点：**高大落叶乔木**,幼叶红色,树皮灰色或浅灰色,浅纵裂。叶互生,**叶柄常红褐色**,长圆形或椭圆形,先端短尖,基部圆或宽楔形。花杂性同株,**头状花序**生于枝顶及上部叶腋,常组成复花序,上部雌花序,下部雄花序,花萼杯状,齿状5裂,花瓣5,卵状长圆形;雄蕊10,着生花盘周围,不等长;子房下位,花柱顶端2~3裂。头状果序具15~20枚**翅果**,顶端具宿存花盘。花期5~7月,果期9月。

生态习性：分布于江苏南部、浙江、福建、江西、湖北、湖南、四川、贵州、广东、广西、云南等地。信阳有栽培。喜光,不耐严、寒干燥。深根性,萌芽率强。较耐水湿,在酸性、中性、微碱性土壤上均能生长,在石灰岩风化土及冲积土上生长良好。

景观应用：常用作庭园树或行道树,或孤植、列植、片植于公园、绿地作主景树。

五十八、八角枫科

1.瓜市 *Alangium platanifolium*（Sieb. et Zucc.）Harms.

识别要点: 落叶乔木或灌木,高3~5 m,胸高直径20 cm,小枝略呈"之"字形,幼枝紫绿色。单叶互生,叶纸质,近圆形或椭圆形、卵形,**常3~7浅裂**,基部心形或近圆,基出脉掌状3~5条。**聚伞花序腋生**,总花梗常分节;花冠圆筒形,**开花后反卷**,外面有微柔毛,初为白色,后变黄色;雄蕊和花瓣同数而近等长,花丝略扁;花盘近球形;子房2室,花柱无毛,疏生短柔毛,柱头头状,常2~4裂。**核果长椭圆形**或长卵圆形,幼时绿色,成熟后黑色,顶端有宿存的萼齿和花盘,种子1颗。花期5~7月和9~10月,果期7~11月。

生态习性: 分布于东北南部、华北、西北及长江流域地区。信阳有分布。生于海拔2 000 m以下土质比较疏松而肥沃的向阳山坡或疏林中。

景观应用: 常孤植、丛植于公园、绿地、水畔作景观配置。

五十九、五加科

1.中华常春藤 *Hedera nepalensis* K. Koch var. *sinensis*

识别要点:**常绿木质藤本**,多分枝,茎上有**气生根**。细嫩枝条被柔毛,呈锈色鳞片状,叶互生,革质,油绿光滑,先端渐尖,基部楔形,**全缘或3浅裂**。花枝上的叶椭圆状卵形或椭圆状披针形,先端长尖,基部楔形,全缘;**伞形花序**单生或2~7个顶生;花小,黄白色或绿白色,花5数;子房下位,花柱合生成柱状。果圆球形,浆果状,黄色或红色。花期5~8月,果期9~11月。

生态习性: 分布于甘肃东南部、陕西南部、河南、山东,南至广东(海南岛除外)、江西、福建,西自西藏波密,东至江苏、浙江的广大区域内。信阳有分布。极耐阴,也能在光照充足之处生长。喜温暖、湿润环境,稍耐寒,能耐短暂的-5~-7℃低温。对土壤要求不高,但喜肥沃、疏松的土壤。

景观应用: 枝蔓茂密青翠,姿态优雅,常用于假山、墙垣、山石、树干等垂直绿化,也可作林下地被植物,还是制作盆景的好材料。

2. 通脱市 *Tetrapanax papyrifer*（Hook.）K. Koch.

识别要点:**常绿灌木或小乔木,幼枝、叶密生黄色星状厚茸毛**;树皮深棕色,略有皱裂;新枝淡棕色或淡黄棕色。叶大,**集生茎顶**;叶片纸质或薄革质,长 50 ~ 75 cm,宽 50 ~ 70 cm。**伞形花序进一步排列成顶生的圆锥花序**。果实球形,紫黑色。花期 10 ~ 12 月,果期翌年 1 ~ 2 月。

生态习性:分布广,北自中国陕西(太白山),南至广西、广东,西起云南西北部(丽江)和四川西南部(雷波、峨边),经贵州、湖南、湖北、江西至福建和台湾。信阳有分布。通常生于向阳、肥厚的土壤上,海拔自数十米至 2 800 m。

景观应用:常片植于公园、绿地作景观配置。

3. 刺楸 *Kalopanax septemlobus*（Thunb.）Koidz.

识别要点:落叶乔木,有**粗刺**,小枝红褐色。**叶掌状分裂**,裂片有锯齿。花两性,排成**伞形花序**,此等花序复结成顶生、阔大的圆锥花序;萼 5 齿裂;花瓣 5,镊合状排列;子房下位,2 室,花柱合生成一柱。果为一核果,近球形,有种子 2 颗。花期 7 ~ 10 月,果期 9 ~ 12 月。

生态习性:分布于我国东北、华北、华中、华南和西南等地。信阳有分布。刺楸适应性很强,喜阳光充足和湿润的环境,稍耐阴,耐寒冷,适宜在含腐殖质丰富、土层深厚、疏松且排水良好的中性或微酸性土壤上生长。

景观应用:叶形美观,叶色浓绿,树干通直,常用作行道树或园林景观配植。

4.八角金盘 *Fatsia japonica*（Thunb.）Decne. et Planch.

识别要点:常绿灌木或小乔木,**植物体无毛**,高可达5 m,**茎直立、少分枝**。叶片大,革质,近圆形,掌状7~9深裂,裂片长椭圆状卵形,先端短渐尖,基部心形,边缘有粗锯齿,表面暗亮绿色,有光泽,背面色较浅。**伞形花序集生成顶生圆锥花序**,花白色。浆果近球形,熟时黑色。花期10~11月,果熟期翌年4月。

生态习性:原产于日本南部。信阳有引种栽培。喜湿暖湿润的气候,耐阴,不耐干旱,有一定耐寒力。适宜排水良好和湿润的沙质土壤。

景观应用:优良的观叶植物。常用作耐阴植物,用于林下、林缘绿化,多片植。

六十、山茱萸科

1.四照花 *Cornus kousa* subsp. *chinensis*（Osborn）Q. Y. Xiang.

识别要点:落叶小乔木,高5~9 m。**单叶对生**,厚纸质,卵形或卵状椭圆形,长6~12 cm,宽3~6.5 cm,叶柄长5~10 mm,叶端渐尖,叶基圆形或广楔形,**弧形侧脉3~4(5)对**,脉腋具黄褐色毛或白色毛。**头状花序近球形**,生于小枝顶端,具20~30朵花。花序基部有4**枚花瓣状白色苞片**。花萼筒状。花盘垫状。雄蕊4,子房2室。果序球形,成熟时红色。总果柄纤细,长5.5~6.5 cm,果实直径1.5~2.5 cm。花期5~6月,果期8~10月。

生态习性:分布于内蒙古、山西、陕西、甘肃、江苏、安徽、浙江、江西、福建、台湾、河南、湖北、湖南、四川、贵州、云南等地。信阳有分布。喜温暖气候和阴湿环境,适生于肥沃而排水良好的土壤。适应性强,能耐一定程度的寒、旱、瘠薄。

景观应用:常用于庭院栽植,或可孤植、片植于公园、绿地、水畔作景观配置。

2. 光皮梾市 *Cornus wilsoniana* **Wangerin**

识别要点:乔木,高可达 40 m。树皮灰色至青灰色,**块状剥落**。小枝圆柱形,深绿色,**无毛**,冬芽长圆锥形,**叶对生**,纸质,先端渐尖或突尖,基部楔形或宽楔形,边缘波状,上面深绿色,下面灰绿色,叶柄细圆柱形,**顶生圆锥状聚伞花序**,被灰白色疏柔毛。总花梗细圆柱形,花小,白色,花萼裂片三角形,长于花盘,花瓣长披针形,上面无毛,下面密被灰,花丝线形,花药线状长圆形,黄色,"丁"字形着生。花盘垫状,无毛。

花柱圆柱形,子房下位,花托倒圆锥形,**核果球形**,花期 5 月。果期 10 ~ 11 月。

生态习性:分布于中国陕西、甘肃、浙江、江西、福建、河南、湖北、湖南、广东、广西、四川、贵州等地。信阳有分布。喜光,耐寒,喜深厚、肥沃而湿润的土壤,在酸性土及石灰岩土上生长良好。

景观应用:树形美观,寿命较长,常用作行道树,或公园、绿地主景树。

3. 灯台树 *Cornus controversa* **Hemsley**

识别要点:落叶乔木,高 6 ~ 15 m。树皮暗灰色。**枝条紫红色**,无毛。**叶互生**。叶柄长 2 ~ 6.5 cm。叶片宽卵形或宽椭圆形,先端渐尖,基部圆形,上面深绿色,下面灰绿色,疏生贴伏的柔毛。侧脉 6 ~ 7对,**弧形弯曲**。伞房状聚伞花序顶生,稍被贴伏的短柔毛。花小,白色。萼齿三角形。花瓣 4,长披针形。雄蕊 4,伸出,长 4 ~ 5 mm,无毛。子房下位,倒卵圆形,密被灰色

贴伏的短柔毛。**核果球形**,**紫红色**至蓝黑色,直径 6 ~ 7 mm。花期 5 ~ 6 月,果期 7 ~ 8 月。

生态习性:分布于辽宁、河北、陕西、甘肃、山东、安徽、台湾、河南、广东、广西以及长江以南各省区。喜温暖气候及半阴环境,适应性强,耐寒、耐热、生长快。宜在肥沃、湿润及疏松、排水良好的土壤上生长。

景观应用:树冠形状美观,常用作行道树,或公园、绿地等作景观配置。

4. 红瑞木 *Cornus alba* Linnaeus

识别要点:落叶灌木,高 3 m。**树皮紫红色**。老枝血红色,无毛,常被白粉,髓部很宽,白色。**叶对生**。叶柄长 1 ~ 2 cm。叶片卵形至椭圆形。侧脉 5 ~ 6 对。伞房状聚伞花序顶生。花小,黄白色。萼坛状,裂片 4,萼齿三角形。花瓣 4,卵状椭圆形。雄蕊 4,着生于花盘外侧。花盘垫状。子房近于倒卵形,疏被贴伏的短柔毛,柱头盘状,宽于花柱。核果,成熟时**白色或稍带蓝紫色**,花柱宿存。花期 6 ~ 7 月,果期 8 ~ 10 月。

生态习性:分布于黑龙江、吉林、辽宁、内蒙古、河北、陕西、甘肃、青海、山东、江苏、江西等地。信阳有栽培。喜欢潮湿温暖的生长环境,适宜的生长温度是 22 ~ 30 ℃,光照充足。红瑞木喜肥,在排水通畅、养分充足的环境生长速度非常快。

景观应用:常丛植于公园、绿地作景观配置。

5. 毛梾 *Cornus walteri* Wangerin

识别要点:落叶乔木,高可达 15 m。树皮厚,黑褐色,冬芽腋生,扁圆锥形,**叶对生**,纸质,先端渐尖,基部楔形,上面深绿色,下面淡绿色,**密被灰白色贴生短柔毛**,侧脉弓形内弯,叶柄幼时被有短柔毛,后渐无毛,**伞房状聚伞花序顶生**,花密,被灰白色短柔毛。花白色,有香味,花萼裂片绿色,齿状三角形,花瓣长圆披针形,花丝线形,花药淡黄色,花盘明显,子房下位,花托倒卵形,花梗细圆柱形,核果球形,核骨质,扁圆球形。花期 5 月,果期 9 月。

生态习性:分布于辽宁、河北、山西南部以及华东、华中、华南、西南各地。信阳有分布。较喜光树种,喜生于半阳坡、半阴坡,以及峡谷和荫蔽密林中,深根性树种,根系扩展,须根发达,萌芽力强,对土壤一般要求不严,能在比较瘠薄的山地、沟坡、河滩及地堰、石缝中生长。

景观应用:常用作行道树、庭荫树,或孤植、列植、散植于公园、绿地、湖畔、溪边作景观配置。

6.花叶青木 *Aucubajaponica* **Thunb. var.** *variegata* **D'ombr.**

识别要点:**常绿灌木**,植株高可达1.5 m。叶对生,革质,叶片卵状椭圆形或长圆状椭圆形,叶面光亮,**具黄色斑纹**,叶柄腹部具沟,无毛。圆锥花序顶生。雌花序为短圆锥花序。花瓣**紫红色**或暗紫色,雄花花萼杯状,雌花子房疏被柔毛,柱头偏斜。**浆果**长卵圆形,成熟时暗紫色或黑色,花期3~4月,果期至翌年4月。

生态习性:原产于日本、朝鲜南部,信阳有引种栽植。喜光,耐高温,同时也耐低温。

景观应用:常用作绿篱或地被绿化,亦可丛植、片植于公园、绿地作景观点缀。

六十一、杜鹃花科

1.杜鹃 *Rhododendron simsii* **Planch.**

识别要点:落叶灌木,分枝多而纤细,**密被亮棕色糙伏毛**。叶革质,常集生枝端,先端短渐尖,基部楔形或宽楔形,边缘微反卷,具细齿,上面深绿色,疏被糙伏毛,下面淡白色,**密被褐色糙伏毛**,叶柄长2~6 mm,密被亮棕褐色扁平糙伏毛。花2~6**簇生枝顶**,花萼5深裂,**花冠漏斗状**,玫瑰、鲜红或深红色,5裂,裂片上部有深色斑点。雄蕊10,与花冠等长,花期4~5月,果期6~8月。

生态习性:分布于中南及西南部地区。信阳有分布。生于海拔500~1 200(~2 500) m的山地疏灌丛或松林下,喜欢酸性土壤,性喜凉爽、湿润、通风的半阴环境,既怕酷热又怕严寒。

景观应用:常用于疏林下、林缘、溪边、池畔及岩石旁成丛植或片栽植,也是优良的盆景材料。

2. 满山红 *Rhododendron mariesii* Hemsl. et Wils.

识别要点:落叶灌木,高 1～4 m。枝轮生,**幼时被淡黄棕色柔毛**,成长时无毛。叶厚纸质或近于革质,**常 2～3 集生枝顶**,椭圆形、卵状披针形或三角状卵形,上面深绿色,下面淡绿色。花芽卵球形,鳞片阔卵形,顶端钝尖。**花通常 2 朵顶生,先花后叶**,花冠管长约 1 cm,基部径 4 mm,裂片 5,深裂,长圆形,花冠桃红色而密布紫红色小斑点。蒴果椭圆状卵球形,密被亮棕褐色长柔毛。花期 4～5 月,果期 6～11 月。

生态习性:主要分布于河北、陕西、江苏、安徽、浙江、江西、福建、台湾、河南、湖北、湖南、广东、广西、四川和贵州等地。信阳有分布。喜阳光,在土壤及空气湿润的环境中生长较良好。

景观应用:花繁叶茂,绮丽多姿,常用于庭院栽植,或丛植、片植于公园、绿地、山石旁作景观配置,亦可大片栽植营造景观林,是优良的盆景材料。

六十二、紫金牛科

1. 紫金牛 *Ardisia japonica*（Thunb）Blume

识别要点:**常绿**小灌木或亚灌木,近蔓生,具匍匐生根的根茎。直立茎长达 30 cm,不分枝。**叶对生或近轮生**,叶片坚纸质或近革质,椭圆形至椭圆状倒卵形,顶端急尖,基部楔形,边缘具细锯齿,侧脉 5～8 对,细脉网状。叶柄被微柔毛。**近似伞形花序**,腋生或生于近茎顶端的叶腋,具总梗,有花 3～5 朵。**花梗常下弯**。花 6 数,花萼基部连合,萼片卵形,顶端急尖或钝。花瓣粉红色或白色,广卵形,无毛。果球形,鲜红色转黑色,多少具腺点。花期 5～6 月,果期 11～12 月,有时 5～6 月仍有果。

生态习性:分布于陕西及长江流域以南各省区。信阳有分布。喜温暖、湿润环境,喜荫蔽,忌阳光直射。适宜生长于富含腐殖质、排水良好的土壤。

景观应用:能在郁密的林下生长,是一种优良的地被植物,也可作盆栽观赏。

2. 朱砂根 *Ardisia crenata* Sims

识别要点：灌木，高可达 2 m，茎粗壮，叶片革质或坚纸质，椭圆形、椭圆状披针形至倒披针形，顶端急尖或渐尖，基部楔形，边缘具**皱波状齿**，两面无毛，叶柄长约 1 cm。**伞形花序或聚伞花序**，着生花枝顶端。花梗无毛。花萼仅基部连合，萼片长圆状卵形，顶端圆形或钝，两面无毛，花瓣白色，盛开时反卷。果球形，**鲜红色**，花期 5 ~ 6 月，果期 10 ~ 12 月（有时 2 ~ 4 月）。

生态习性：分布于西藏东南部至台湾，湖北至海南等地区，信阳有分布。性强健，耐阴。抗瘠薄，不耐干旱，不择土质，但以沙质壤土为宜。

景观应用：常用于疏林下、林缘、绿地作景观配置，信阳多盆栽观赏。

六十三、柿树科

1. 君迁子 *Diospyros lotus* L.

识别要点：落叶乔木，高可达 30 m，胸高直径可达 1.3 m。树冠近球形或扁球形。树皮灰黑色或灰褐色。**小枝褐色或棕色**。嫩枝通常淡灰色，有时带紫色。冬芽带棕色。叶椭圆形至长椭圆形，上面深绿色，有光泽，下面绿色或粉绿色，有柔毛。叶柄有时有短柔毛，上面有沟。花单性，**雌雄异株**，雄花腋生。花萼钟形。**花冠壶形**，带红色或淡黄色。果近球形或椭圆形，**直径 1 ~ 2 cm**，

初熟时为淡黄色，后则变为蓝黑色，常被有白色薄蜡层，8 室。种子长圆形，褐色，侧扁。花期 5 ~ 6 月，果期 10 ~ 11 月。

生态习性：分布于山东、辽宁、河南、河北、山西、陕西、甘肃、江苏、浙江、安徽、江西、湖南、湖北、贵州、四川、云南、西藏等地。信阳有分布。耐寒，耐干旱瘠薄，很耐湿，抗污染，深根性，须根发达，喜肥沃、深厚土壤。

景观应用：常用作庭院树或行道树，或公园、绿地作景观配置。

2.柿 *Diospyros kaki* Thunb.

识别要点:落叶大乔木,通常高达 10 ~ 14 m 以上,胸高直径达 65 cm。树皮深灰色至灰黑色,或者黄灰褐色至褐色。树冠球形或长圆球形。枝开展,带绿色至褐色,散生纵裂的长圆形或狭长圆形皮孔。嫩枝初时有棱,**有棕色柔毛**或茸毛或无毛。叶纸质,卵状椭圆形至倒卵形或近圆形。叶柄长 8 ~ 20 mm。花冠淡黄白色或黄白色而带紫红色,**壶形或近钟形**,花雌雄异株,花序腋生,为聚伞花序。花梗长约 3 mm。**浆果**,有球形、扁球形等,直径 3 ~ 9 cm。种子褐色,椭圆状,侧扁。果柄粗壮,长 6 ~ 12 mm。花期 5 ~ 6 月,果期 9 ~ 10 月。

生态习性:分布于浙江、江苏、湖南、湖北、四川、云南、贵州、广东、福建等地。信阳有分布。喜温暖气候,充足阳光和深厚、肥沃、湿润、排水良好的土壤,适生于中性土壤,较能耐寒。

景观应用:优良的庭院树种。

六十四、山矾科

1.白檀 *Symplocos paniculata*(Thunb.)Miq.

识别要点:落叶灌木或小乔木。嫩枝有**灰白色柔毛**,老枝无毛。叶膜质或薄纸质,叶片阔倒卵形、椭圆状倒卵形或卵形,基部阔楔形或近圆形,边缘有细尖锯齿,叶面无毛或有柔毛,中脉在叶面凹下,侧脉在叶面平坦或微凸起,**圆锥花序**,通常有柔毛。苞片早落,通常条形,有褐色腺点。花萼萼筒褐色,裂片半圆形或卵形,稍长于萼筒,淡黄色,有纵脉纹,边缘有毛。花冠白色,花盘凸起的腺点。**核果熟时蓝色**,卵状球形,**顶部稍偏斜**,顶端宿萼裂片直立。

生态习性:分布于我国东北、华北、华中、华南地区。信阳有分布。喜温暖、湿润的气候和深厚、肥沃的沙质壤土,喜光也稍耐阴,耐寒,抗干旱、耐瘠薄。

景观应用:白檀开花繁茂,白花蓝果,可丛植、列植于公园、绿地等作景观配置。

2. 山矾 *Symplocos sumuntia* Buch. -Ham. ex D. Don

识别要点:**常绿乔木**,嫩枝褐色。叶薄革质,叶片卵形、狭倒卵形、倒披针状椭圆形,边缘具浅锯齿或波状齿,有时近全缘。中脉在叶面凹下,侧脉和网脉在两面均凸起,总状花序,苞片早落,阔卵形至倒卵形,密被柔毛,小苞片与苞片同形。花萼萼筒倒圆锥形,无毛,裂片三角状卵形,**花冠白色**,花丝基部稍合生。花盘环状,无毛。核果**卵状坛形**,外果皮薄而脆,花期2~3月,果期6~7月。

生态习性:分布于江苏、浙江、福建、台湾、广东、海南、广西、江西、湖南、湖北、四川、贵州、云南等地。信阳有分布。生于海拔200~1 500 m的山林间。

景观应用:可用作庭院树、行道树,或孤植或丛植于公园、绿地作主景树,也是理想的厂矿绿化树种。

3. 垂珠花 *Styrax dasyanthus* Perk.

识别要点:乔木,高3~20 m,胸径达24 cm。树皮暗灰色或灰褐色。叶革质或近革质,倒卵形、倒卵状椭圆形或椭圆形。叶柄上面具沟槽,**密被星状短柔毛**。圆锥花序或总状花序顶生或腋生,具多花,下部常2至多花聚生叶腋。花瓣白色,**开放时向基部反曲**。花梗长6~10(12) mm。小苞片钻形,长约2 mm。花萼杯状,萼齿5,钻形或三角形。花冠裂片长圆形至长圆状披针形,花冠

管长2.5~3 mm,无毛。花丝扁平,下部联合成管,上部分离,花药长圆形,长4~5 mm。花柱较花冠长,无毛。**果实卵形或球形**,种子褐色,平滑。花期3~5月,果期9~12月。

生态习性:分布于山东、河南、安徽、江苏、浙江、湖南、江西、湖北、四川、贵州、福建、广西和云南等地。信阳有分布。生于海拔100~1 700 m的丘陵、山地、山坡及溪边杂木林中。

景观应用:优良观花树种,可用作行道树、庭院树,或孤植、列植、片植于公园、广场、绿地等作主景树。

4. 野茉莉 *Styrax japonicus* Sieb. et Zucc.

识别要点:灌木或小乔木,高可达 10 m,树皮平滑。嫩枝稍扁,暗紫色,圆柱形。叶互生,叶片纸质或近革质,椭圆形或长圆状椭圆形至卵状椭圆形,**下面除主脉和侧脉汇合处有白色长髯毛外无毛**,总状花序顶生,花白色,**花梗长于花**,小苞片线形或线状披针形,花萼漏斗状,膜质,萼齿短而不规则。花冠裂片卵形、倒卵形或椭圆形,花丝扁平,**果实卵形**,种子褐色,有深皱纹。花期 4~7 月,果期 9~11 月。

生态习性:分布广,北自秦岭和黄河以南,东起山东、福建,西至云南东北部和四川东部,南至广东和广西北部。属阳性树种,生长迅速,喜生于酸性、疏松、肥沃、土层较深厚的土壤上。

景观应用:常用于庭院栽植观赏或丛植、列植于公园、绿地作景观配置。

5. 秤锤树 *Sinojackia xylocarpa* Hu.

识别要点:落乔木,高可达 7 m。**嫩枝密被星状短柔毛**,灰褐色,叶纸质,叶片倒卵形或椭圆形,顶端急尖,基部楔形或近圆形,边缘具硬质锯齿,生于具花小枝基部的叶卵形而较小。总状聚伞花序生于侧枝顶端,花白色。**花梗柔弱而下垂**,疏被星状短柔毛,萼管倒圆锥形,萼齿披针形。花冠裂片长圆状椭圆形,**两面均密被星状草毛**。花药长圆形,无毛。花柱线形,果实卵形,**顶端具圆锥状的喙**,形似秤锤。花期 3~4 月,果期 7~9 月。

生态习性:分布于江苏、湖北、河南南部、安徽、上海、浙江等地。信阳有分布。喜生于深厚、肥沃、湿润、排水良好的土壤上,不耐干旱瘠薄。具有较强的抗寒性,能忍受 -16 ℃ 的短暂极端最低温。

景观应用:花白色,果实奇特,形似秤锤,颇为美观,常用作庭园观赏或孤植、列植、丛植于公园、绿地作景观配置。

六十五、木犀科

1.白蜡树 *Fraxinus chinensis* Roxb.

识别要点:落叶乔木,高 10 ~ 12 m。树皮灰褐色,**纵裂**。羽状复叶长 15 ~ 25 cm。叶轴挺直,上面具浅沟。小叶 5 ~ 7 **枚**,硬纸质,卵形、倒卵状长圆形至披针形,**顶生小叶与侧生小叶近等大或稍大**,先端锐尖至渐尖,基部钝圆或楔形,叶缘具**整齐锯齿**,上面无毛,下面无毛或有时沿中脉两侧被白色长柔毛。圆锥花序顶生或腋生枝梢,花雌雄异株。雄花密集,雌花疏离,**无花冠**,花萼 4 浅裂。**翅果匙形**。花期 4 ~ 5 月,果期 7 ~ 9 月。

生态习性:南北各省区有分布。喜光、耐寒,生长在河边低地、开阔落叶林中、林缘湿地、路旁、平地、沙质土壤、山坡较干燥区域。海拔 0 ~ 1 500 m。

景观应用:造林绿化、药用。

2.对节白蜡 *Fraxinus hubeiensis* S. Z. Qu, C. B. Shang & P. L. Su.

识别要点:落叶大乔木,高达 19 m。树皮深灰色,老时纵裂。小枝挺直,被细茸毛或无毛,营养枝常呈**棘刺状**。羽状复叶,**叶轴具狭翅**,小叶革质,披针形至卵状披针形,先端渐尖,叶缘具**锐锯齿**。花杂性,**无花冠**,密集簇生于去年生枝上,聚伞圆锥花序。**翅果匙形**,中上部最宽,先端急尖。花期 2 ~ 3 月,果期 9 月。

生态习性:分布于湖北等地。信阳有栽培。喜光,稍耐寒。耐干旱瘠薄,适应性强,多生长在低山丘陵地区,海拔 400 ~ 600 m。

景观应用:常用于行道树、庭荫树,可修剪造型,用于公园、绿地、广场等作景观点缀,亦是制作盆景的好材料。

3. 连翘 *Forsythia suspensa*（Thunb.）Vahl

识别要点：落叶灌木。连翘早春先叶开花，枝干丛生，枝开展或下垂，棕色、棕褐色或淡黄褐色，**小枝黄色，拱形下垂，老枝中空**。**叶对生**，单叶或三出复叶，卵形或卵状椭圆形，缘具齿。花通常单生或 2 至数朵着生于叶腋，**先于叶开放**。花萼绿色。**花冠黄色**。果卵球形、卵状椭圆形或长椭圆形，**先端喙状渐尖**。花期 3 ~ 4 月，果期 7 ~ 9 月。

生态习性：分布于在河北、山西、陕西、山东、安徽西部、河南、湖北等地。信阳有分布。喜光，喜温暖、湿润气候，也很耐寒、耐阴、耐干旱瘠薄，怕涝。不择土壤，在中性、微酸或碱性土壤上均能正常生长。萌发力强、发丛快。在阳光充足、深厚肥沃而湿润的立地条件下生长较好。生长于海拔 250 ~ 2 200 m。

景观应用：常用作花篱，或丛植、片植于公园、绿地、假山间、岩石旁等作景观配置。

4. 金钟花 *Forsythia viridissima* Lindl.

识别要点：落叶灌木。小枝绿色或黄绿色，**枝具片状髓，呈四棱形**，皮孔明显，**花先于叶开放**，高可达 3 m，叶片长椭圆形至披针形，或倒卵状长椭圆形，先端锐尖，基部楔形，通常上半部具不规则锐锯齿或粗锯齿，稀近全缘，上面深绿色，下面淡绿色，两面无毛，中脉和侧脉在上面凹入，下面凸起。**花冠深黄色**，果卵形或宽卵形，基部稍圆，先端喙状渐尖，具皮孔。花期 3 ~ 4 月，果期 8 ~ 11 月。

生态习性：分布于江苏、安徽、浙江、江西、福建、湖北、湖南及云南等地。信阳有分布。生于山地、谷地或河谷边林缘、溪沟边或山坡路旁灌丛中，海拔 300 ~ 2 600 m。

景观应用：常用作花篱，或丛植、片植于公园、绿地、假山间、岩石旁等作景观配置。

5. 流苏树 *Chionanthus retusus* Lindl. et Paxt.

识别要点：落叶灌木或乔木，高可达 20 m。小枝灰褐色或黑灰色，圆柱形，开展，无毛，幼枝淡黄色或褐色，疏被或密被短柔毛。**单叶对生**，革质或薄革质，长圆形、椭圆形或圆形，先端圆钝，有时凹下或尖。聚伞状圆锥花序，单性而雌雄异株或为两性花，花冠**白色**，4 深裂，裂片**线状倒披针形**。果椭圆形，**果柄长**，被白粉，呈蓝黑色或黑色。花期 3~6 月，果期 6~11 月。

生态习性：分布在甘肃、陕西、山西、河北、河南以南至云南、四川、广东、福建、台湾等地。信阳有分布。生长在海拔 3 000 m 以下的稀疏混交林中或灌丛中，或山坡、河边。

景观应用：常丛植于公园、绿地、河边作景观配置，也是制作盆景的材料。

6. 桂花 *Osmanthus fragrans*（Thunb.）Lour.

识别要点：**常绿乔木**或灌木，高 3~5 m，最高可达 18 m。树皮粗糙，灰褐色或灰白，有时显出皮孔。**叶对生**，革质，聚伞花序簇生于叶腋，**香气极浓**。花冠黄白色、淡黄色、黄色或橘红色。果歪斜，椭圆形，紫黑色。桂花以传统分类的方法和园林生产上的应用，分为四个品系：生长势强、枝干粗壮、叶形较大、叶表粗糙、叶色墨绿、花色橙红的丹桂。花色金黄的为金桂。有长势中等、叶表光滑、叶缘具锯齿、花呈乳白色、且花朵茂密、香味甜郁的银桂。生长势较强、叶表光滑、叶缘稀疏锯齿或全缘、花呈淡黄色、花朵稀疏、淡香，四季开花的四季桂。花期 9 月至 10 月上旬，果期翌年 3~4 月。

生态习性：分布于四川、陕南、云南、广西、广东、湖南、湖北、江西、安徽、河南等地，信阳有分布。喜温暖环境，宜在土层深厚、排水良好、肥沃、富含腐殖质的偏酸性沙质壤土上生长。不耐干旱瘠薄。喜阳光，但有一定的耐阴能力。

景观应用：我国传统十大名花之一，信阳市市花。著名的庭院观赏树，或对植、列植、片植于公园、绿地等作景观配置，也可造型作景观点缀，亦是优良的盆景材料。

7. 女贞 *Ligustrum lucidum* Ait.

识别要点：**常绿**灌木或乔木,树形整齐,枝叶茂密,高可达 25 m。树皮灰褐色。枝黄褐色、灰色或紫红色,圆柱形,疏生圆形或长圆形皮孔。**单叶对生**,革质、卵形、长卵形或椭圆形至宽椭圆形。**圆锥花序顶生**,紫色或黄棕色。花序基部苞片常与叶同型。花萼无毛,**花瓣短**,**核果**肾形或近肾形,深蓝黑色,成熟时呈红黑色,被白粉。花期 5~7 月,果期 7 月至翌年 5 月。

生态习性：分布于在江浙、江西、安徽、山东、川贵、两湖、两广、福建等地。信阳有栽培。喜温暖湿润气候,喜光、耐阴,耐寒性好,耐水湿。生长快,萌芽力强,耐修剪,但不耐瘠薄。对二氧化硫、氯气等有较强抗性,对土壤要求不严,以沙质壤土或黏质壤土栽培为宜。生长在海拔 2 900 m以下疏、密林中。

景观应用：常用作行道树,或列植、片植于公园、绿地、河畔作景观配置。

8. 金森女贞 *Ligustrum japonicum* var. **Howardii**

识别要点：女贞属,**常绿**灌木或小乔木。叶革质,**厚实**,**有肉感**。春季新叶鲜黄色,冬季转为金黄色,枝叶稠密。部分新叶沿中脉两侧或一侧局部有云翳状浅绿色斑块。节间短,枝叶稠密。花白色,果实呈紫色,花期 5~7 月。

生态习性：原产于日本及中国台湾等地。信阳有栽培。喜光,稍耐阴,耐旱,耐寒,对土壤要求不严,生长迅速。耐热性强,35 ℃以上高温不会影响其生态特性和观赏特性,耐寒性强,可耐 −9.7 ℃的低温。

景观应用：常用作绿篱或地被绿化,或与其他彩叶植物配置,修剪整形成各种模纹图案。

9. 小叶女贞 *Ligustrum quihoui* Carr.

识别要点:半常绿或落叶灌木。小枝淡棕色,圆柱形,密被微柔毛,后脱落。**单叶对生**,叶片薄革质。倒卵状长圆形披针形、椭圆形、长圆状椭圆形、倒卵形至倒披针形,**两面无毛**。花白色,**花冠裂片短于花冠筒**,圆锥花序顶生,味香。果宽椭圆形、倒卵形或近球形,呈紫黑色。花期5~7月,果期8~11月。

生态习性:分布于陕西南部、山东、江苏、安徽、浙江、江西、河南、湖北、四川、贵州西北部、云南等地区。信阳有分布。喜光照,稍耐阴,较耐寒,对二氧化硫、氯等毒气有较好的抗性。性强健,耐修剪,萌发力强。生于沟边、路旁、山坡或河边灌丛中,海拔100~2 500 m。

景观应用:常用作绿篱栽植,或修剪造型用于公园、绿地作景观点缀,也可作盆景材料。

10. 小蜡 *Ligustrum sinense* Lour.

识别要点:落叶灌木或小乔木。小枝圆柱形,幼时被淡黄色短柔毛或柔毛,老时近无毛。**单叶对生**,叶片纸质或薄革质,卵形、椭圆状卵形、长圆形、长圆状椭圆形至披针形,或近圆形,上面深绿色,**疏被短柔毛或无毛**,或仅沿中脉被短柔毛,下面淡绿色,**疏被短柔毛或无毛**,常沿中脉被短柔毛,叶柄被短柔毛。圆锥花序顶生或腋生,塔形,花序轴被较密淡黄色短柔毛或柔毛以至近

无毛。**花冠裂片长于花冠管**。花丝与裂片近等长或长于裂片。果近球形,径5~8 mm。花期3~6月,果期9~12月。

生态习性:分布于江苏、安徽、浙江、江西、福建、台湾、湖北、湖南、广东、广西、四川、贵州、云南等地。信阳有分布。喜光,稍耐阴,较耐寒,喜温暖湿润气候,萌芽、萌枝力强,耐修剪。生长在山地疏林下或路旁、沟边。

景观应用:常用作绿篱,也可作盆景材料。

11. 迎春花 *Jasminum nudiflorum* Lindl.

识别要点：落叶灌木植物,枝常为拱形下垂,老枝灰褐色,枝梢扭曲,光滑无毛,**小枝四棱形,绿色。三出复叶,对生**,小叶披针形、卵形或椭圆形,先端锐尖,表面光滑,全缘。**花先于叶开放**,单生于去年生小枝的叶腋,稀生于小枝顶端。**花冠黄色**,向上渐扩大,先端锐尖或圆钝。花期6月。

生态习性：分布于甘肃、陕西、四川、云南西北部、西藏东南部。信阳有栽培。喜光,稍耐阴,略耐寒,怕涝,喜温暖而湿润的气候,疏松、肥沃和排水良好的沙质土,在酸性土上生长旺盛,在碱性土上生长不良。根部萌发力强。枝条着地部分极易生根。生长在山坡灌丛中,海拔800~2 000 m。

景观应用：早春花灌木,常丛植、片植于公园、绿地、湖边、溪畔、假山、墙隅等地作景观配置。

12. 野迎春 *Jasminum mesnyi* Hance

识别要点：常绿亚灌木,高可达5 m。**小枝四棱形,光滑无毛。三出复叶对生**,叶片近革质,叶缘反卷,小叶片长卵形或长卵状披针形。花较大,通常单生于叶腋,**花冠裂片长于花冠筒**。苞片叶状,倒卵形或披针形,花梗粗壮。花萼钟状,裂片小叶状,披针形,**花冠为黄色**,漏斗状。果椭圆形。花期11月至翌年8月,果期3~5月。

生态习性：分布于四川西南部、贵州、云南等地。信阳有栽培。生长在海拔500~2 600 m的峡谷、林中。喜温暖湿润和充足阳光,怕严寒和积水,稍耐阴,以排水良好、肥沃的酸性沙壤土最好。

景观应用：常丛植、片植于公园、绿地、湖边、溪畔、假山、墙隅等地作景观配置。

13. 雪柳　*Fontanesia fortunei* Carr.

识别要点：落叶灌木或小乔木，高可达 8 m。树皮灰褐色。枝灰白色，圆柱形，小枝有淡黄色或淡绿色，**四棱形或具棱角，无毛**。叶片纸质，**披针形**、卵状披针形或狭卵形，全缘，无毛，圆锥花序顶生或腋生，花萼微小。**翅果扁圆**，黄棕色，倒卵形至倒卵状椭圆形。种子长约 3 mm，具三棱。花期 4~6 月，果期 6~10 月。

生态习性：分布于河北、陕西、山东、江苏、安徽、浙江、河南及湖北东部。信阳有分布。喜光，稍耐阴。喜肥沃、排水良好的土壤。喜温暖，亦较耐寒。生长在水沟、溪边或林中，海拔在 800 m 以下。

景观应用：常列植于湖畔、溪边、池旁等作景观树。

14. 紫丁香　*Syringa oblata* Lindl.

识别要点：灌木或小乔木，高可达 5 m。树皮灰褐色或灰色。**叶对生**，叶片革质，卵形，**基部心形**。花萼钟状，端四裂开展。圆锥花序直立，由侧芽抽生，近球形或长圆形，**花冠紫色**，花清香。**蒴果**，倒卵状椭圆形、卵形至长椭圆形，光滑。花期 4~5 月，果期 6~10 月。

生态习性：以秦岭为中心，北到黑龙江、吉林、辽宁、内蒙古、河北、山东、陕西、甘肃、四川，南到云南和西藏均有分布。信阳有分布。生长在山坡丛林、山谷路旁、山沟溪边及滩地水边，海拔 300~2 400 m。生长习性喜阳，喜土壤湿润、排水良好。

景观应用：常用于庭院观赏，或丛植、片植于公园、绿地等作景观配置。

六十六、马钱科

1. 醉鱼草 *Buddleja lindleyana* Fortun

识别要点:醉鱼草属灌木,全株有小毒,高可达3 m。**茎皮褐色。小枝具四棱,棱上略有窄翅**。幼枝、叶柄、花序、苞片及小苞片均**密被星状短茸毛和腺毛。叶对生**,膜质,卵形,穗状聚伞花序顶生。花紫色,**花冠筒长而弯曲**,雄蕊着生花冠筒基部。蒴果长圆状或椭圆状,无毛,有鳞片,种子淡褐色,小,无翅。花期4~10月,果期8月至翌年4月。

生态习性:分布于江苏、安徽、浙江、江西、福建、湖北、湖南、广东、广西、四川、贵州和云南等省区。喜温暖湿润气候和深厚肥沃的土壤。

景观应用:花朵芳香而美丽,常丛植或片植于公园、绿地、花坛作景观配置。

2. 大叶醉鱼草 *Buddleja davidii* Franch.

识别要点:落叶灌木,高1~5 m。**小枝略呈四棱形外展而下弯**。幼枝、叶片下面、叶柄和花序均**密被灰白色星状短茸毛。叶对生**,叶片膜质边缘具细锯齿。总状或圆锥状聚伞花序,顶生。花冠筒长,**不弯曲**,淡紫色,后变黄白色至白色,芳香。蒴果狭椭圆形或狭卵形,基部**有宿存花萼**,2瓣裂。花期5~10月,果期9~12月。

生态习性:分布于陕西、甘肃、江苏、浙江、江西、湖北、湖南、广东、广西、四川、贵州、云南和西藏等地。信阳有分布。喜光,耐旱、耐瘠薄,也耐半阴,忌水涝,深根性,抗寒性强,耐粗放管理。海拔0~1 500 m。

景观应用:常丛植或片植于公园、绿地、花坛作景观配置。

六十七、夹竹桃科

1. 夹竹桃 *Nerium oleander* L.

识别要点：**常绿**直立大灌木,高可达 5 m,**枝条灰绿色**,嫩枝条**具棱**,被微毛,老时毛脱落。**叶 3 ~ 4 枚轮生**,叶面深绿,叶背浅绿色,叶柄扁平,聚伞花序顶生,花冠深红色或粉红色,其花冠为漏斗状,种子长圆形,花期几乎全年,最盛期为夏秋。果期一般冬春季。

生态习性：原产印度、伊朗和尼泊尔。信阳有引种栽培。喜光、好肥,喜温暖湿润气候和深厚肥沃的土壤。不耐寒。

景观应用：花大艳丽,常丛植、片植于公园、道路旁或河旁、湖畔作景观配置。

2. 络石 *Trachelospermum jasminoides*（Lindl.）Lem.

识别要点：**常绿木质藤本,具乳汁**。茎赤褐色,圆柱形,有皮孔。幼枝被黄色柔毛,老时渐无毛。**单叶对生**,叶革质,椭圆形至卵状椭圆形或宽倒卵形,**有气生根**。常攀缘在树木、岩石墙垣上生长,聚伞花序腋生或顶生,花多朵组成圆锥状,花白色,**花冠裂片螺旋状排列**,向右覆盖。花蕾顶端钝,花冠筒圆筒形。种子多颗,褐色,线形,顶端具白色绢质种毛。花期 3 ~ 7 月,果期 7 ~ 12 月。

生态习性：分布于山东、安徽、江苏、浙江、福建、台湾、江西、河北、河南、湖北、湖南、广东、广西、云南、贵州、四川、陕西等地。信阳有分布。喜弱光,耐烈日高温,耐干旱,忌水湿,冬季怕冷,室内养护。

景观应用：常用作地被植物,或盆栽观赏。

六十八、萝藦科

1. 蓬莱葛 *Gardneria multiflora* Makino

识别要点: **常绿攀缘木质藤本**,长达 8 m。枝条圆柱形,有明显的叶痕,全株均无毛。**叶对生**,叶片纸质至薄革质,椭圆形,上面绿色有光泽,下面浅绿色,全缘。花基数 5,**花冠黄色**,花冠管短,**聚伞花序腋生**。浆果圆形,熟时红色。种子圆球形,黑色。花期 3~7 月,果期 7~11 月。

生态习性: 分布于陕西、江苏、安徽、浙江、台湾、湖北、湖南、广西等地。信阳有分布。适生海拔 300~2 100 m 山地密林下或山坡灌木丛中。

景观应用: 常用于廊、架、石壁、墙垣等绿化。

六十九、马鞭草科

1. 海州常山 *Clerodendrum trichotomum* Thunb.

识别要点: 落叶灌木或小乔木,高 1.5~10 m。幼枝、叶柄、花序轴**被黄褐色柔毛**或无毛,老枝灰白色,具皮孔。**单叶对生**,叶片纸质,卵形、卵状椭圆形或三角状卵形,表面深绿色,背面淡绿色,两面幼时被白色短柔毛,老时表面光滑无毛,背面仍被短柔毛或无毛,全缘或有时边缘具波状齿。伞房状聚伞花序顶生或腋生。**花萼紫红色**,花冠白色或带粉红色。**核果近球形,基部有红色肉质的宿萼**,成熟时外果皮蓝紫色。花果期 6~11 月。

生态习性: 分布于辽宁、甘肃、陕西以及华北、中南、西南各地。信阳有分布。喜阳光,稍耐阴,耐旱,耐瘠薄土壤,不耐积水,有一定的耐寒性,对土壤要求不严,在沙土、轻黏土上能正常生长。

景观应用: 花果美丽,花序大,花果共存,白、红、兰色泽亮丽,花果期长,常配置于庭院、山坡、溪边、堤岸、悬崖、石隙及林下。

2.黄荆 *Vitex negundo* L.

识别要点:落叶灌木或小乔木,树形疏散。**小枝四棱形,掌状复叶对生**,小叶 5 枚,长圆状披针形至披针形,顶端渐尖,基部楔形,表面绿色,背面密生灰白茸毛。聚伞花序排成圆锥花序式,顶生,花序梗密生灰白色茸毛。花萼钟状,**花冠淡紫色**,外有微柔毛,子房近无毛。**核果**近球形,花期 4～6 月,果期 7～10 月。

生态习性:分布于中国长江以南各省,北达秦岭、淮河。信阳有分布。喜光,能耐半阴,喜肥沃土壤,耐干旱、瘠薄和寒冷,生于山坡路旁或灌木丛中,萌芽能力强,适应性强,多用于荒山绿化。

景观应用:常丛植于公园、绿地等作景观点缀,也是制作盆景的材料。

3.白棠子树 *Callicarpa dichotoma*(Lour.)K. Koch

识别要点:落叶灌木,高可达 3 m。小枝纤细,叶对生,叶片倒卵形或披针形,表面稍粗糙,背面无毛,**密生细小黄色腺点**,边缘**中部以上具数个粗锯齿**。聚伞花序在叶腋的上方着生,细弱,花序梗略有星状毛,苞片线形。花萼杯状,花冠紫色,**花丝长约为花冠的 2 倍**。果实球形,**紫色**。花期 5～6 月,果期 7～11 月。

生态习性:分布于山东、河北、河南、江苏、安徽、浙江、江西、湖北、湖南、福建、台湾、广东、广西、贵州等地。信阳有分布。喜湿润环境,喜肥,生长在海拔 600 m 以下的低山丘陵灌丛中。

景观应用:常丛植或片植于公园、绿地、假山等作景观点缀。

4. 紫珠 *Callicarpa bodinieri* Levl.

识别要点:灌木,高约 2 m。叶对生,叶片卵状长椭圆形至椭圆形,顶端长渐尖至短尖,基部楔形,**边缘有细锯齿**,背面灰棕色,**两面密生暗红色或红色细粒状腺点**。聚伞花序,苞片细小,线形。花萼外被星状毛和暗红色腺点,花冠紫色,**雄蕊长于花冠**。果实球形,熟时紫色,无毛。花期 6~7 月,果期 8~11 月。

生态习性:分布于河南、江苏、安徽、浙江、江西、湖南、湖北、广东、广西、四川、贵州、云南等地。信阳有分布。生于海拔 200~2 300 m 的林中、林缘及灌丛中。喜温、喜湿、怕风、怕旱。

景观应用:常丛植、片植于公园、绿地、湖畔、溪边作景观配置,也可作盆景材料。

5. 日本紫珠 *Callicarpa japonica* Thunb.

识别要点:落叶灌木,高约 2 m。小枝圆柱形,无毛。叶对生,叶片倒卵形、卵形或椭圆形,顶端急尖或长尾尖,基部楔形,两面通常无毛,叶缘有**黄色腺点**,**边缘上半部有锯齿**。叶柄长约 6 mm。聚伞花序,花萼杯状,无毛,萼齿钝三角形,花丝与花冠等长或稍长,核果实球形,紫色。

生态习性:分布于辽宁、河北、山东、江苏、安徽、浙江、台湾、江西、湖南、湖北西部、四川东部、贵州等地。信阳有分布。生长在海拔 220~850 m 的山坡和谷地溪旁的丛林中。不耐干燥,喜湿度稍大,控制氮肥的施用。

景观应用:常丛植、片植于公园、绿地、湖畔、溪边作景观配置,也可作盆景材料。

6. 老鸦糊 *Callicarpa giraldii*

识别要点：落叶灌木,高 1 ~ 3(~5)m。圆柱小枝,灰黄色,**被星状毛**。叶对生,叶片纸质,宽椭圆形至披针状长圆形,叶上有**黄色腺体**,叶柄长 1 ~ 2 cm。密生的聚伞花序宽 2 ~ 3 cm,被毛与小枝同。花萼钟状,截形,花冠紫色,稍有毛,具黄色腺点,花药卵圆形,药室纵裂,药隔具黄色腺点。子房被毛。果实球形,核果,紫色。花期 5 ~ 6 月,果期 7 ~ 11 月。

生态习性：分布于浙江、云南、广西、甘肃、江西、湖南、贵州、广东、湖北、河南、江苏、福建、四川、陕西、安徽等地。信阳有分布。生长于海拔 200 ~ 3 400 m 的疏林或灌丛中。

景观应用：常丛植、片植于公园、绿地作景观配置,也可作盆景材料。

七十、茄科

1. 枸杞 *Lycium chinense*

识别要点：多分枝落叶小灌木,株高 1 ~ 2 m。枝条细弱,弓状弯曲或俯垂,淡灰色,有纵条纹,**有棘刺**。**叶全缘互生**或在枝条部有数叶簇生,两面无毛,叶柄短,叶通常为卵形、卵状菱形、长椭圆形或卵状披针形。花 1 ~ 4 **朵簇生于叶腋**,花冠漏斗状,淡紫色。浆果卵形或长圆形,成熟时呈深红色或橘红色,果实甜而后味带微苦。种子棕黄色,较大,长约 3 mm。花期长,通常 6 ~ 7 月花量较多,果期 7 ~ 10 月。

生态习性：分布于宁夏、新疆、青海、甘肃、内蒙古、黑龙江、吉林、辽宁、河北、山西、陕西、甘肃南部以及西南、华中、华南和华东各省区。信阳有分布。喜光,喜冷凉湿润气候,耐寒、抗旱,耐轻度盐碱,忌低洼湿地。

景观应用：秋季观果花木,可供草坪、斜坡及悬崖陡壁栽植,也可植作绿篱。

七十一、玄参科

1. 毛泡桐 *Paulownia tomentosa*

识别要点：落叶乔木，高达 20 m。树冠宽大伞形，树皮褐灰色。小枝有明显皮孔，幼时常具黏质短腺毛。**叶片心脏形**，全缘或波状浅裂，上面毛稀疏，下面毛密或较疏，新枝上的叶较大，其毛常不分枝，有时具**黏质腺毛**。叶柄常有黏质短腺毛。花序枝的侧枝不发达，花序为金字塔形或狭圆锥形。花蕾呈圆形，有

密被黄毛，花萼深裂，**裂片长于萼筒，花冠漏斗状钟形，鲜紫色或蓝紫色**。蒴果卵圆形，果皮厚约 1 mm。种子连翅长 2.5~4 mm。花期 4~5 月，果期 8~9 月。

生态习性：分布于辽宁南部、河北、河南、山东、江苏、安徽、湖北和江西等地。信阳有分布。喜光，耐寒、耐旱、耐盐碱、耐风沙，抗性很强。

景观应用：树冠宽大，花色美丽，主要作为庭荫树、行道树。

2. 楸叶泡桐 *Paulownia catalpifolia*

识别要点：大乔木，高可达 20 m。干皮淡灰褐色，侧枝斜上生长，树冠近似高大圆锥形或长卵形，树干通直。叶片通常长卵状心脏形，全缘或波状而有角，**上面无毛**，下面密被星状茸毛。花序枝的侧枝不发达，花序金字塔形或狭圆锥形，萼浅钟形，**裂深不过半**，花冠浅紫色，较细，管状漏斗形。蒴果椭圆形，幼时被星状茸毛，长 4.5~5.5 cm，果皮厚达 3 mm。花期 4 月，果期 7~8 月。

生态习性：分布于山东、河北、山西、河南和陕西等地。信阳有分布。喜光，不耐庇荫，耐寒性强，较抗干旱，怕积水涝洼。

景观应用：树冠宽大，花色美丽，主要作为庭荫树、行道树。

七十二、紫葳科

1.凌霄 *Campsis grandiflora*

识别要点:攀缘藤本。**茎木质,表皮脱落**,枯褐色,以**气生根**攀附于他物之上。**叶对生**,为奇数羽状复叶。顶生疏散的短圆锥花序,**花萼钟状,肉质肥厚,萼筒与裂片等长**,花冠内面鲜红色,外面橙黄色,长约 5 cm,裂片半圆形。花药黄色,"个"字形着生。蒴果顶端钝。种子具薄翅。花期 6 ~ 8 月,果熟期 7 ~ 9 月。

生态习性:分布于长江流域各地以及河北、山东、河南、福建、广东、广西、陕西等地。信阳有分布。喜光、耐半阴,喜温暖湿润气候,耐寒、耐旱,忌积水。

景观应用:常用于廊、架、墙垣、石壁、假山等垂直绿化。

2.美国凌霄花 *Campsis radicans*(**L.**)**Seen.**

识别要点:落叶**木质藤本,具气生根**,藤长可达 10 m。奇数羽状复叶对生,小叶 9 ~ 11 枚,椭圆形至卵状椭圆形,基部楔形,边缘具齿,上面深绿色,下面淡绿色,被毛。**萼筒长于裂片**,花冠筒细长,漏斗状,橙红色至鲜红色。花筒橘红色,裂片及边缘鲜红色,径约 4 cm。果实圆筒状长椭圆形,长 8 ~ 12 cm,顶端具喙尖,沿缝线具龙骨状突起,粗约 2 mm,具柄,硬壳质。自然花期集中在 5 ~ 6 月和 9 ~ 10 月两个阶段。我国南方 12 月至翌年 2 月也为盛花期。

生态习性:原产北美。信阳有引种栽培。喜光、喜温暖,较耐寒,耐干旱,也较耐水湿。信阳广泛分布。

景观应用:常用于花架、花廊、假山、枯树或墙垣、石壁等垂直绿化。

3. 楸 *Catalpabungei* C. A. Mey.

识别要点: 小乔木,高 8 ~ 12 m。单叶**对生**,叶三角状卵形或卵状长圆形,长 6 ~ 15 cm,宽达 8 cm,顶端长渐尖,基部截形,阔楔形或心形,叶面**深绿色,叶背无毛**。叶柄长 2 ~ 8 cm。**顶生伞房状总状花序**,有花 2 ~ 12 朵,花萼蕾时圆球形,花冠**淡红色**,内面具有 2 黄色条纹及暗紫色斑点。蒴果线形,种子狭长椭圆形,两端生长毛。花期 5 ~ 6 月,果期 6 ~ 10 月。

生态习性: 分布于河北、河南、山东、山西、陕西、甘肃、江苏、浙江、湖南等地。信阳有栽培。喜光,喜温暖湿润气候,不耐寒,怕干旱和积水,稍耐盐碱。

景观应用: 树冠宽大,观花、观果俱佳,可作为庭荫树、行道树和景观配置树种。

4. 梓 *Catalpa ovata* G. Don

识别要点: 乔木,树皮呈灰色或灰褐色,浅纵裂。树冠伞形,主干通直,嫩枝具稀疏柔毛。叶对生,阔卵形,长宽近相等,顶端渐尖,基部心形,全缘或浅波状,叶片上面及下面均粗糙,**微被柔毛**或近于无毛。顶生圆锥花序,花萼蕾时圆球形,花冠钟状,**淡黄色**,内面具 2 **黄色条纹及紫色斑点**。子房上位,棒状。花柱丝形,柱头 2 裂。蒴果线形,下垂,种子长椭圆形,两端具有平展的长毛。花期 6 ~ 7 月,果期 8 ~ 10 月。

生态习性: 分布于长江流域及以北地区。信阳有分布。喜光,喜温暖湿润气候,深根性,有一定的耐寒性。

景观应用: 树冠宽大,可作为庭荫树、行道树和景观配置树种。

七十三、忍冬科

1.绣球荚蒾 *Viburnum macrocephalum* Fort.

识别要点:落叶或半常绿灌木,高 4 m,树皮灰褐色或灰白色。芽、幼枝、叶柄均**密被灰白色或黄白色簇状短毛**,后渐变无毛。单叶对生,纸质,卵形至椭圆形或卵状矩圆形。聚伞花序,**全部由大型不孕花组成**,形如绣球,花生于第三级辐射枝上。萼筒筒状,无毛,萼齿与萼筒几等长,**花冠白色**,辐状,裂片圆状倒卵形。花期 4~5 月,果期 9~10 月。

生态习性:分布于华东、华南地区。信阳有栽培。向阳,喜暖热、湿润、肥沃的环境,略耐阴,较耐寒。

景观应用:常用于庭院的观赏树种,或孤植、列植、丛植于公园、绿地等作景观配置。

2.珊瑚树 *Viburnum odoratissimum*

识别要点:常绿灌木或小乔木,枝干挺直,树皮灰褐色,**具有凸起的圆形小瘤状皮孔**。叶对生,长椭圆形或倒披针形,顶端短尖至渐尖而钝头,边缘上部有**不规则浅波状锯齿或近全缘**,脉腋常有集聚簇状毛和趾蹼状小孔,表面暗绿色光亮,背面淡绿色,终年苍翠。圆锥花序顶生或生于侧生短枝上,有淡黄色小瘤状突起,花呈钟状,芳香,**花冠白色**,后变黄白色或微红。花退却后

显出椭圆形的果实,初为橙红,之后红色渐变紫黑色,形似珊瑚。花期 3~4 月,果期 7~9月。

生态习性:分布于福建东南部、湖南南部、广东、海南和广西等地。信阳有栽培。喜光、喜温暖,稍耐寒阴,在潮湿、肥沃的中性土壤上生长迅速旺盛,也能适应酸性或微碱性土壤。对有毒气体抗性强。

景观应用:常用作绿篱,亦可孤植、丛植于公园、绿地作景观配置。

3. 蝴蝶戏珠花 *Viburnum plicatum* Thunb. var. *tomentosum*（Thunb.）Miq.

识别要点：落叶灌木,高达 3 m。**当年生小枝浅黄褐色,四角状**,二年生小枝灰褐色或灰黑色,稍具棱角或否,散生圆形皮孔,老枝圆筒形,近水平状开展。叶较狭,宽卵形或矩圆状卵形,有时椭圆状倒卵形,两端有时渐尖,下面常带绿白色,**侧脉显著10~17 对**。花序直径 4~10 cm,**外围有 4~6 朵白色、大型的不孕花**,花冠辐状,黄白色,裂片宽卵形。果实先红色后变黑色,宽卵圆形或倒卵圆形。花期 4~5 月,果期 8~9 月。

生态习性：分布于陕西南部、安徽南部和西部、浙江、江西、福建、台湾、河南、湖北、湖南、广东北部、广西东北部、四川、贵州及云南等地。信阳有分布。喜肥沃、疏松、富含有机质的沙质深厚土壤和日光充足之处。耐寒,稍耐半阴。

景观应用：一种观叶、观花又观果的植物,常植于庭院观赏,或丛植于公园、绿地等作景观配置。

4. 皱叶荚蒾 *Viburnum rhytidophyllum* Hemsl.

识别要点：**常绿灌木**或小乔木,高达 4 m。幼枝、芽、叶下面、叶柄及**花序均被由黄白色、黄褐色或红褐色簇状毛组成的厚茸毛**。叶革质,卵状矩圆形至卵状披针形,上面深绿色、有光泽,**下面有凸起网纹**,叶柄粗壮。聚伞花序稠密,总花梗粗壮,四角状,花生于第三级辐射枝上,无柄,花冠白色,辐状,裂片圆卵形,雄蕊高出花冠,花药宽椭圆形。果实红色,后变黑色,宽椭圆形。花期 4~5 月,果期 9~10 月。

生态习性：分布于陕西南部、湖北西部、四川东部和东南部及贵州等地。信阳有分布。喜温暖、湿润环境,喜光,亦较耐阴,喜湿润但不耐涝。对土壤要求不严,在沙壤土、素沙土中均能正常生长,但以深厚肥沃、排水良好的沙质土壤上生长最好。

景观应用：常植于庭院观赏,或丛植于公园、绿地等作景观配置。

5. 茶荚蒾　*Viburnum setigerum* Hance

识别要点:落叶灌木,高达4 m。当年小枝浅灰黄色,无毛,二年生小枝灰色,灰褐色或紫褐色。叶纸质,边缘基部除外**疏生尖锯齿**,上面初时中脉被长纤毛,后变无毛,下面仅中脉及侧脉被浅黄色贴生长纤毛,近基部两侧有少数腺体,笔直而近并行,伸至齿端,上面略凹陷,下面显著凸起,**有少数长伏毛或近无毛**。**复伞形式聚伞花序**无毛或稍被长伏毛,有极小红褐色腺点,花生于第三级辐射枝上,芳香,花冠白色,干后变茶褐色或黑褐色,辐状。果序弯垂,果实红色,**腹面扁平或略凹陷**。花期4~5月,果熟期9~10月。

生态习性:分布于江苏南部、安徽南部和西部、浙江、江西、福建北部、台湾、广东北部、广西东部、湖南、贵州、云南、四川东部、湖北西部及陕西南部。信阳有分布。性喜温暖、湿润和有散射光照的气候环境。可短时间耐低温。较耐炎热。

景观应用:常植于庭院观赏,或丛植于公园、绿地等作景观配置,也可盆栽观赏。

6. 宜昌荚蒾　*Viburnum erosum* Thunb.

识别要点:落叶灌木,高达3 m。**幼枝密被星状毛和柔毛**,冬芽小而有毛,具2对外鳞片。叶对生,纸质,卵形至卵状披针形,窄卵形、椭圆形或倒卵形,先端渐尖,基部圆、宽楔形或微心形,边缘有牙齿,**叶面粗糙**。复伞形聚伞花序生于具1对叶的侧生短枝之顶,有毛。花冠白色,辐状,裂片圆卵形,稍长于花冠筒。核果卵圆形,红色。种子含油,茎皮供纤维,枝条供编织用。花期4~5月,果期6~9月。

生态习性:分布于华东、华中、西南及陕西、广东、广西等地。信阳有栽培。生于海拔300~1 800 m的山坡林下或灌丛中。

景观应用:常植于庭院观赏,或丛植于公园、绿地等作景观配置。

7.琼花 *Viburnum macrocephalum* Fort. f. *keteleeri*（Carrière）Rehder

识别要点:落叶或半常绿灌木,高达4 m。树冠呈球形,树皮灰褐色或灰白色。芽、幼枝、叶柄及花序均密被灰白色或黄白色簇状短毛,后渐变无毛。聚伞花序,**仅周围具大型的不孕花**,花冠裂片倒卵形或近圆形,**顶端常四缺**,可孕花的萼齿卵形,花冠白色,辐状。果实红色而后变黑色,椭圆形,核扁,矩圆形至宽椭圆形,有2条浅背沟和3条浅腹沟。花期4月,果期9~10月。

生态习性:分布于江苏南部、安徽西部、浙江、江西西北部、湖北西部及湖南南部。信阳有栽培。喜温暖、湿润、阳光充足气候和湿润、肥沃、排水良好的沙质壤土,稍耐阴,较耐寒,忌干旱和积水。

景观应用:庭院或园林景观树种,适宜配植于堂前、亭际、墙下和窗外等处,孤植于草坪及空旷地。

8.鸡树条 *Viburnum opulus* Linn. var. *calvescens*（Rehd.）Hara f. *calvescens*

识别要点:落叶灌木,高达4 m。**当年小枝有棱,无毛,有明显凸起的皮孔**,二年生小枝带色或红褐色,近圆柱形,老枝和茎干暗灰色,树皮质厚呈木栓质。叶圆卵形至广卵形或倒卵形,基部圆形、截形或浅心形,无毛,**边缘浅裂或不整齐粗牙齿**。叶柄粗壮,无毛,**有长盘形腺体**。复伞形式聚伞花序大多周围有**大型的不孕花**,总花梗粗壮,无毛,花梗极短,花冠白色,辐状,裂片近圆形。果实红色,近圆形。花期5~6月,果期9~10月。

生态习性:分布于黑龙江、吉林、辽宁、河北北部、山西、陕西南部、甘肃南部、河南西部、山东、安徽南部和西部、浙江西北部、江西、湖北和四川。信阳有分布。喜光,稍耐阴,喜湿润空气,耐旱、耐寒性强。对土壤要求不严,在微酸性及中性土壤上都能生长。

景观应用:常植于庭院观赏,或丛植于公园、绿地等作景观配置。

9. 荚蒾 *Viburnum dilatatum* **Thunb**

识别要点：落叶灌木,高可达 3 m。叶纸质,宽倒卵形,顶端急尖,基部圆形至钝形或微心形,**边缘有牙齿状锯齿**,齿端突尖,上面被叉状或简单伏毛,下面被带黄色叉状或簇状毛,脉上毛尤密,脉腋集聚簇状毛,叶柄无托叶。**复伞形式聚伞花序稠密**,萼和花冠外面均有簇状糙毛,花冠白色,小花,辐状。果实红色,椭圆状卵圆形。花期 5~6 月,果期 9~11 月。

生态习性：主要分布在浙江、江苏、山东、河南、陕西、河北等省。喜温暖、湿润、阳光充足,喜微酸性肥沃土壤,也耐阴、耐寒,可粗放管理。

景观应用：集叶、花、果为一树的观赏佳木,常植于庭院观赏,或丛植于公园、绿地等作景观配置,也可制作盆景。

10. 锦带花 *Weigela florida*（**Bunge**）**A. DC.**

识别要点：落叶灌木,高达 3 m。树皮灰色,**幼枝稍四方形,单叶对生**,叶矩圆形、椭圆形至倒卵状椭圆形,顶端渐尖,基部阔楔形至圆形,边缘有锯齿,上面疏生短柔毛,脉上毛较密,下面密生短柔毛或茸毛,具短柄至无柄。**花单生或成聚伞花序生于侧生短枝的叶腋或枝顶**,花萼裂至中部以上,花冠紫红色或玫瑰红色,外面疏生短柔毛。蒴果,果实圆柱形,顶有短柄状喙,疏生柔毛。种子无翅。花期 4~6 月。

生态习性：分布于黑龙江、吉林、辽宁、内蒙古、山西、陕西、河南、山东北部、江苏北部等地。信阳有栽培。喜光,耐阴,耐寒,对土壤要求不严,耐瘠薄土壤,怕水涝。在深厚、湿润而腐殖质丰富的土壤生长最好,萌芽力强,生长迅速。

景观应用：早春观花灌木,常用作花篱或庭院栽植观赏,亦可丛植于公园、绿地、假山、池畔等作景观配置。

11. 海仙花 *Weigela coraeensis* Thunb.

识别要点:落叶灌木。小枝粗壮,黄褐色或褐色。叶片阔椭圆形或椭圆形至倒卵形,先端突尖或尾尖,基部阔楔形,边缘具细钝锯齿,叶面绿色,背面淡绿色,叶柄边缘被平贴毛。聚伞花序数个生于短枝叶腋或顶端,**花萼裂至中部以下**,花冠大而色艳,初淡红色,后变深红色或带紫色。蒴果柱形,顶端有短柄状喙,无毛,2 瓣室间开裂。种子微小而多。花期 4 ~ 5 月,果期 8 ~ 10 月。

生态习性:云南昆明、山东青岛、江西庐山、江苏南京、上海、浙江四明山和杭州、陕西武功,以及广东广州等地有分布。性喜光,稍耐阴,较耐寒,怕水涝。对土壤要求不严,能耐贫瘠,在土层深厚、肥沃、湿润的地方生长更好。生长快,萌芽力强。

景观应用:株型优美、花色丰富,常用作花篱、地被绿化,或丛植于湖畔、庭院、草坪、假山、坡地、公园等处作景观配置。

12. 六道木 *Zabelia biflora*(Turcz.)Makino

识别要点:落叶灌木,高达 3 m。幼枝被倒生硬毛,老枝无毛,**粗大老枝上有 6 条纵向分布的条棱。单叶对生**,叶矩圆形至矩圆状披针形,顶端尖至渐尖,基部钝至渐狭成楔形,上面深绿色,下面绿白色,两面疏被柔毛。**叶柄基部膨大且成对相连**,被硬毛。花单生于小枝上叶腋,无总花梗,花冠白色、淡黄色或带浅红色,外面被短柔毛,杂有倒向硬毛,裂片 4,圆形。**果实具硬毛,冠以 4**

枚宿存的萼裂片。种子圆柱形,具肉质胚乳。花期 5 月,果期 8 ~ 9 月。

生态习性:分布于黄河以北的辽宁、河北、山西等地。信阳有分布。适应能力强,喜光,耐干旱瘠薄,抗寒性强。

景观应用:常用于绿篱,或丛植于草地边、建筑物旁,列植于路边作景观配置,也是制作盆景的好材料。

13. 糯米条 *Abelia chinensis* **R. Br.**

识别要点：落叶多分枝灌木,高达 2 m。嫩枝纤细,红褐色,被短柔毛,老枝树皮纵裂。**叶有时三枚轮生**,圆卵形至椭圆状卵形,顶端急尖或长渐尖,基部圆或心形,边缘有稀疏圆锯齿,花枝上部叶向上逐渐变小。聚伞花序生于小枝上部叶腋,**由多数花序集合成一圆锥状花簇**,总花梗被短柔毛,果期光滑,花芳香,具 3 对小苞片,果期变红色,花冠白色至红色,漏斗状。果实具宿存而略增大的 5 枚萼裂片。

生态习性：分布于长江流域以南各省区。信阳有分布。喜光,耐阴性强,喜温暖湿润气候和肥沃通透的沙壤土,不耐积水。对土壤要求不严,在酸性、中性和微碱性土上均能生长。萌蘖能力强,耐修剪。

景观应用：常用作绿篱,或丛植、片植于池畔、路边、墙隅、草坪和林下边缘作景观配置。

14. 南方六道市 *Abelia dielsii*（Graebn.）**Rehd.**

识别要点：落叶灌木,高 2 ~ 3 m。当年小枝红褐色,老枝灰白色,**粗大老枝上有 6 条纵向分布的条棱。叶对生,叶柄基部膨大**,散生硬毛,叶厚纸质,叶片长卵形、矩圆形、长圆形、倒卵形、椭圆形至披针形。**花 2 朵生于侧枝顶部叶腋**,具总花梗,花梗极短或几无,花冠白色后变浅黄色,裂片圆,筒内具短柔毛。花柱细长,柱头头状,不伸出花冠筒外。种子柱状。花期 4 月下旬至 6 月上旬,果期 8 ~ 9 月。

生态习性：分布于河北、山西、陕西、宁夏、甘肃、安徽、浙江、江西、福建、河南、湖北、四川、贵州、云南及西藏等地。信阳有分布。生于海拔 800 ~ 3 700 m 的山坡灌丛、路边林下及草地。

景观应用：常用作绿篱和地被绿化,或丛植于草地边、建筑物旁,列植于路边作景观配置,也可作盆景材料。

15. 忍冬 *Lonicera japonica* **Thunb.**

识别要点:**半常绿藤本**,幼枝洁红褐色,密被黄褐色。单叶对生,叶纸质,卵形至矩圆状卵形,有时卵状披针形,稀圆卵形或倒卵形,顶端尖或渐尖,基部圆或近心形,**有粗糙毛**。花**成对**生于腋生的总花梗顶端,花冠白色,后黄色,**唇形**。果实圆形,熟时蓝黑色,离生,有光泽。种子卵圆形或椭圆形,褐色。花期4~6月,果熟期10~11月。

生态习性:我国大部分地区多有分布,信阳有分布。适应性很强,喜光又耐阴,耐旱、耐寒、耐积水。对土壤和气候的要求不严,以土层较厚的沙质壤土为最佳。

景观应用:可作篱垣、花架、花廊等的垂直绿化,或附着山石、植于沟边坡地,或丛植为地被。

16. 郁香忍冬 *Lonicera fragrantissima* **Lindl. et Paxt.**

识别要点:半常绿或有时落叶灌木,高达2 m。幼枝无毛或疏被倒刚毛,老枝灰褐色。**冬芽有1对顶端尖的外鳞片**,将内鳞片盖没。叶厚纸质或带革质,基部圆形或阔楔形。**花先于叶或与叶同时开放**,芳香,生于幼枝基部苞腋,有总花梗,花冠白色或淡红色,**唇形**,外面无毛或稀有疏糙毛。果实鲜红色,矩圆形,部分连合。种子褐色,稍扁,矩圆形,有细凹点。花期2月中旬至4月,果熟期4~5月。

生态习性:分布于河北南部、河南西南部、湖北西部、安徽南部、浙江东部及江西北部。信阳有分布。生山坡灌丛中,海拔200~700 m。喜光,耐阴,在湿润、肥沃的土壤上生长良好。

景观应用:适于栽植于庭院、草坪边缘、园路两侧及假山前后,也可作盆景材料。

17. 盘叶忍冬 *Lonicera tragophylla* Hemsl.

识别要点:落叶**藤本**。幼枝无毛。叶纸质,矩圆形或卵状矩圆形,稀椭圆形,顶端钝或稍尖,基部楔形,**叶柄很短或不存在,花序下方1～2对叶连合成近圆形或圆卵形的盘。** **花单生,**由 3 朵花组成的聚伞花序密集成头状花序生小枝顶端。花冠**黄色至橙黄色,**上部外面略带红色,外面无毛,唇形,筒稍弓弯,雄蕊着生于唇瓣基部,长约与唇瓣等,无毛。果实成熟时由黄色转红黄色,最后变深红色,近圆形。花期 6～7 月,果期 9～10 月。

生态习性:主要分布于河北、山西、陕西、宁夏、甘肃、安徽、浙江、河南、湖北、四川及贵州等地。信阳有分布。喜温暖湿润和阳光充足的环境,耐阴,耐寒力强,耐旱性强,对土壤要求不严,耐瘠薄。

景观应用:常栽植于庭院观赏,或用于篱垣、花廊、花架、假山等垂直绿化,亦可做盆景。

18. 金花忍冬 *Lonicera chrysantha* Turcz.

识别要点:落叶灌木,高达 4 m。幼枝、叶柄和总花梗常被开展的**直糙毛**、微糙毛和腺。叶纸质,菱状卵形、菱状披针形、倒卵形或卵状披针形,顶端渐尖或急尾尖,基部楔形至圆形,两面脉上被直或稍弯的糙伏毛,中脉毛较密,有直缘毛。总花梗细,花冠先白色后变黄色,唇形,**唇瓣长于冠筒** 2～3 **倍,**冠筒内有柔毛,雄蕊和花柱短于花冠,花丝中部以下有密毛,花柱全被短柔毛。果实红色、圆形。花期 5～6 月,果熟期 7～9 月。

生态习性:分布于黑龙江南部、吉林东部、辽宁南部、内蒙古南部、河北、山西、陕西、宁夏和甘肃的南部、青海东部、山东、江西、河南西部、湖北及四川东部和北部。信阳有分布。喜光又耐阴,喜肥沃深厚的土壤,耐寒、耐旱。

景观应用:优良的花灌木,可作为庭院、道路绿化树种。孤植、丛植于林缘、草地、庭园、水边。

19. 金银忍冬 *Lonicera maackii*（**Rupr.**）**Maxim.**

识别要点：落叶灌木,高达6 m,茎干直径达10 cm。凡幼枝、叶两面脉上、叶柄、苞片外面都被短柔毛和微腺毛。冬芽小,卵圆形。叶纸质,卵状椭圆形至卵状披针形,顶端渐尖或长渐尖,基部宽楔形至圆形。**花芳香,生于幼枝叶腋,具腺毛,花冠先白后黄色,花冠筒长约为唇瓣的1/2,雄蕊与花柱均短于花冠。**果实暗红色,圆形,直径5~6 mm,**种子具细四点。**花期5~6月,果熟期8~10月。

生态习性：分布于黑龙江、吉林、辽宁三省的东部,河北、山西南部、陕西、甘肃东南部、山东东部和西南部、江苏、安徽、浙江北部、河南、湖北、湖南西北部和西南部、四川东北部、贵州、云南东部至西北部及西藏(吉隆)等地。信阳有分布。性喜强光,稍耐旱,喜温暖的环境,亦较耐寒。在微潮偏干的环境中生长良好。在信阳地区可露地越冬。

景观应用：良好的观赏灌木。常丛植于草坪、山坡、林缘、路边或点缀于建筑周围。

20. 猬实 *Kolkwitzia amabilis* **Graebn.**

识别要点：多分枝直立落叶灌木,高达3 m。幼枝红褐色,老枝光滑,**茎皮条状剥落。**叶椭圆形至卵状椭圆形,顶端尖或渐尖,基部圆形或阔楔形,全缘,少有浅齿状。伞房状聚伞花序,**花生于侧枝顶端,**具总花梗,花冠淡红色。果2个合生,外面密被黄色刺刚毛,顶端伸长如角,冠以宿存的萼齿。花期5~6月,果熟期8~9月。

生态习性：分布于山西、陕西、甘肃、河南、湖北及安徽等地。信阳有栽培。

喜光,喜温暖湿润的环境,耐寒、耐旱、耐瘠薄。

景观应用：常群植、孤植、丛植于房前屋后、草坪、山石旁、水池边、道路两侧作景观配置。

七十四、茜草科

1. 细叶水团花 *Adina rubella*

识别要点：落叶小灌木，高1～3 m。茎多分枝，枝细长，**小枝红褐色**，具白色皮孔和细柔毛，后渐平滑无毛。**单叶对生**，近无柄，叶片薄革质，全缘，卵状披针形或卵状椭圆形。**头状花序圆球形**，通常单生，生有多数密集小花，花冠管状，花冠裂片三角状，紫红色。**小蒴果长卵状楔形**。花期7～8月，果熟期9～10月。

生态习性：分布于安徽、江苏、浙江、江西、湖南、四川、福建、台湾、广东、广西等地。信阳有分布。喜光，喜水湿，较耐寒，畏炎热，不耐旱。

景观应用：盆栽观赏，可于池畔、塘边配植，也可作花径绿篱。

2. 香果树 *Emmenopterys henryi Oliv.*

识别要点：落叶大乔木，高达30 m，胸径达1 m。树皮灰褐色，鳞片状。单叶对生，叶纸质或革质，叶片阔椭圆形、阔卵形或卵状椭圆形，上面无毛或疏被糙伏毛，下面较苍白。**圆锥状聚伞花序顶生**，花芳香，裂片近圆形，变态的叶状萼裂片白色、淡红色或淡黄色，花冠漏斗形，白色或黄色，裂片近圆形，花丝被茸毛。**蒴果长圆状卵形或近纺锤形**。种子多数，小而有阔翅。花期6～8月，果期8～11月。

生态习性：分布于陕西、甘肃、江苏、安徽、浙江、江西、福建、河南、湖北、湖南、广西、四川、贵州、云南东北部至中部。信阳有分布。喜温和或凉爽的气候，幼苗期夏季需遮阴。

景观应用：树干高大，花美丽，可用作庭院绿化、行道树或孤植、列植于公园、绿地等作主景树。

3. 栀子 *Gardenia jasminoides* Ellis

识别要点:**常绿灌木**,高0.3~3 m。嫩枝常被短毛,枝圆柱形,灰色。**叶对生或轮生,革质稀为纸质**,叶形多样,通常为长圆状披针形、倒卵状长圆形、倒卵形或椭圆形,顶端渐尖、骤然长渐尖或短尖而钝。**花芳香,通常单朵生于枝顶**,萼管倒圆锥形或卵形。**花冠白色或乳黄色,高脚碟状**,冠管狭圆筒形。果卵形、近球形、椭圆形或长圆形,黄色或橙红色。种子多数,扁近圆形而稍有棱角。花期3~7月,果期5月至翌年2月。

生态习性:分布于山东、河南、江苏、安徽、浙江、江西、福建、台湾、湖北、湖南、广东等地。信阳有分布。喜光但不耐强光直射,喜温暖湿润气候,怕积水,喜酸性土壤。

景观应用:适宜于庭院绿化或丛植于公园、绿地作景观配置,也可用作花篱和盆栽观赏。

4. 六月雪 *Serissa foetida* Comm

识别要点:**小灌木**,高60~90 cm,**有臭气**。单叶对生,**叶革质**,卵形至倒披针形,顶端短尖至长尖,**边全缘,无毛**,叶柄短。花单生或数朵丛生于小枝顶部或腋生,有被毛、边缘浅波状的苞片,萼檐裂片细小,锥形,被毛,花冠淡红色或白色,裂片扩展,顶端3裂。花柱长突出,柱头2,直且略分开。花期6~9月,果熟期7~10月。

生态习性:分布于江苏、安徽、江西、浙江、福建、广东、香港、广西、四川、云南等地。信阳有分布。喜阴喜温暖气候,畏强光,不甚耐寒、耐干旱,怕积水。

景观应用:可群植或丛植于林下、河边或墙旁,也可作花径配植,或盆栽观赏。

七十五、禾本科

1. 淡竹 *Phyllostachys glauca* McClure.

识别要点：竿高可达 12 m，粗可达 5 cm，每节上的分枝 2 个。秆箨淡红褐或绿褐色，有多数紫色脉纹，无毛，被紫褐色斑点。幼竿密被白粉，无毛，老竿灰黄绿色，节间长可达 40 cm，壁薄，厚仅约 3 mm。竿环与箨环均稍隆起。箨舌暗紫褐色，箨片线状披针形或带状，叶耳及鞘口繸毛均存在但早落，叶舌紫褐色，叶片下表面沿中脉两侧稍被柔毛，叶片长 7~16 cm，宽 1.2~2.5 cm。笋期 4 月中旬至 5 月底。

生态习性：分布于黄河流域至长江流域间以及陕西秦岭等地，尤以江苏、浙江、安徽、河南、山东等省较多。信阳有分布。耐寒、耐瘠薄。常见于平原地、低山坡地及河滩上。

景观应用：常用于庭院、公园及沿河绿化。

2. 水竹 *Phyllostachys heteroclada* Oliver.

识别要点：竿可高达 5 m。幼竿具白粉并疏生短柔毛，节间长达 30 cm，竿环在较粗的竿中较平坦，与箨环同高，在较细的竿中则明显隆起而高于箨环，分枝角度大，以致接近于水平开展。箨耳小，但明显可见，淡紫色，卵形或长椭圆形，有时呈短镰形，边缘有数条紫色繸毛。箨舌低，微凹乃至微呈拱形，边缘生白色短纤毛。箨片直立，三角形至狭长三角形，绿色，绿紫色或紫色，背部呈舟形隆起。叶鞘除边缘外无毛。无叶耳，鞘口繸毛直立，易断落，叶舌短，叶片披针形或线状披针形，长 5.5~12.5 cm，宽 1~1.7 cm。笋期 5 月。

生态习性：产于黄河流域及其以南各地。信阳有分布。喜温暖湿润和通风透光，耐阴，耐水湿，忌烈日暴晒。

景观应用：多片植于溪边、池塘边。

3. 毛金竹 *Phyllostachys nigra*（Lodd. ex Lindl.）Munro var. *henonis*（Mitford）Stapf ex Rendle.

识别要点:竿高可达 18 m,竿壁厚,可达 5 mm。**箨鞘顶端极少有深褐色微小斑点,箨环有毛**,箨耳长圆形至镰形,紫黑色,箨舌拱形至尖拱形,紫色,箨片三角形至三角状披针形,绿色,脉紫色,舟状。叶耳不明显,**有脱落性鞘口继毛**,叶舌稍伸出,叶片质薄,长 7 ~ 10 cm,宽约 1.2 cm。笋期 4 月下旬。

生态习性:分布于河南、浙江、江苏、山东、陕西、四川、湖南等地。信阳有栽培。喜光,稍耐阴。喜温暖、湿润环境,不甚耐寒。喜深厚肥沃、排水良好的土壤。

景观应用:常用作庭院、公园、溪流或湖边绿化。

4. 桂竹 *Phyllostachys bambusoides* Sieb. et Zucc.

识别要点:竿高可达 20 m,粗达 15 cm。**幼竿几无白粉**,节间长达 40 cm,壁厚约 5 mm。**箨鞘革质,背面黄褐色**,箨片带状,**中间绿色**,边缘黄色。叶耳半圆形,缝毛发达,常呈放射状,叶舌明显伸出,拱形或有时截形,叶片长 5.5 ~ 15 cm,宽 1.5 ~ 2.5 cm,花枝呈穗状。叶耳小形或近于无,继毛通常存在,短、缩小叶圆卵形至线状披针形,基部收缩呈圆形,上端渐尖呈芒状。笋期 5 月下旬。

生态习性:分布于中国黄河流域至长江以南各省区信阳有分布。抗性较强,适生范围大,耐寒,生长于海拔 1 000 m 以下山坡下部、盆地、丘陵和平地,土层深厚、疏松、肥沃、湿润的沙质土壤。

景观应用:多植于村前屋后、城市公园、河流护岸。

5. 美竹 *Phyllostachys mannii* Gamble.

识别要点:竿高 8 ~ 10 m,粗 4 ~ 6 cm。幼竿鲜绿色,老竿黄绿色或绿色。节间较长,竿中部者长 30 ~ 42 cm,竿壁厚 3 ~ 7 mm。**箨鞘革质,硬而脆**,背面呈暗紫色至淡紫色,有淡黄色或淡黄绿色条纹。箨耳变化极大,从无箨耳或仅有极小的痕迹乃至形大而呈镰形的紫色箨耳,仅在较大的箨耳边缘可生紫色长继毛。**箨舌宽短,紫色**,截形或常微呈拱形。箨片三角形至三角状带形,淡绿黄色或紫绿色,基部两侧紫色。**叶耳小或不明显,鞘口继毛直立**。叶片披针形至带状

披针形,长 7.5 ~ 16 cm,宽 1.3 ~ 2.2 cm。笋期 5 月上旬。

生态习性:分布于云南、四川、贵州、西藏、陕西、浙江、河南、江苏等地区。信阳有栽培。适应性强,耐寒、耐旱。

景观应用:常用于庭院、公园、溪流或湖边绿化。

6. 斑竹 *Phyllostachys bambusoides* Sieb. et Zucc. f. *lacrima-deae* Keng f. et Wen P.

识别要点:竿高 8 ~ 10 m,竿高可达 20 m,粗达 15 cm。幼竿无毛,节间长达 40 cm,壁厚约 5 mm,竿环稍高于箨环。竿有紫褐色或淡褐色斑点。**箨鞘革质,背面黄褐色,竿有紫褐色或淡褐色斑点**。箨耳小形或大形而呈镰状,有时无箨耳,紫褐色。箨舌拱形,箨片带状,中间绿色,两侧紫色,边缘黄色。叶耳半圆形,常呈放射状。叶舌明显伸出,拱形或有时截形。叶片长 5.5 ~ 15 cm,宽 1.5 ~ 2.5 cm。笋期 4 月中下旬。

生态习性:分布于中国黄河至长江流域各地。信阳有栽培。具有喜温、喜阳、喜肥、喜湿、怕风、不耐寒等习性。

景观应用:著名观赏竹种,适于庭园、公园等地方绿化。

7. 紫竹 *Phyllostachys nigra* (Lodd. ex Lindl.) Munro.

识别要点:竿高 4～8 m。幼竿绿色,密被细柔毛及白粉,一年后变为**紫黑色**。箨鞘背面红褐或更带绿色,无斑点或常具极微小不易观察的深褐色斑点。**箨舌拱形至尖拱形,紫色**,边缘生有长纤毛。箨片三角形至三角状披针形,绿色,但脉为紫色,舟状,直立或以后稍开展,微皱曲或波状。末级小枝具 2 或 3 叶。叶片质薄,长 7～10 cm,宽约 1.2 cm。小穗披针形,小穗轴具柔毛。笋期 4 月至 5 月下旬。

生态习性:分布广泛,东起台湾,西至云南东北部,南自广东和广西中部,北至安徽北部、河南南部均产。信阳有分布。阳性,喜温暖湿润气候,耐寒、耐阴,忌积水。

景观应用:优良园林观赏竹种,宜种植于庭院、山石之间或厅堂、小径、池水旁,也可栽于盆中。

8. 刚竹 *Phyllostachys*

识别要点:竿高 6～15 m,直径 4～10 cm,在 10 倍放大镜下可见**猪皮状小四穴或白色晶体状小点**。竿环在较粗大的竿中于不分枝的各节上不明显。箨环微隆起。箨耳及鞘口繸毛俱缺。箨舌绿黄色,拱形或截形,边缘生淡绿色或白色纤毛。箨片狭三角形至带状,**绿色,具橘黄色边缘**,外翻,微皱曲。叶耳及鞘口繸毛均发达。叶片长圆状披针形或披针形。叶片长圆状披针形或披针形。花枝未见。笋期 5 月中旬。

生态习性:分布于长江流域以南地区。信阳有分布。适宜生长在土层较肥厚、湿润而又排水良好的冲积沙质壤土地带,红、黄黏土及薄沙干旱的地区不宜生长。

景观应用:重要的观赏竹种之一,配植于建筑前后、山坡、水池边、草坪一角。

9. 阔叶箬竹 *Indocalamus latifolius*（Keng）McClure.

识别要点：竿高可达 2 m，**每节上具有分枝 1，与竿粗细相差不大**。节间长 5 ~ 22 cm。竿环略高，箨环平。箨鞘硬纸质或纸质，下部竿箨者紧抱竿，而上部者则较疏松抱竿，**背部常具棕色疣基小刺毛或白色的细柔毛**，以后毛易脱落，边缘具棕色纤毛。箨耳无或稀可不明显，疏生粗糙短缝毛。箨舌截形。叶鞘无毛，先端稀具极小微毛，质厚，坚硬，边缘无纤毛。叶舌截形，高 1 ~ 3 mm，先端无毛或稀具缝毛。叶耳无。叶片长圆状披针形，先端渐尖。柱头 2，羽毛状。果实未见。笋期 5 月上旬。

生态习性：分布于中国山东、江苏、安徽、浙江、江西、福建、湖北、湖南、广东、四川、河南等地。信阳有分布。喜温暖湿润气候，耐寒性较强。

景观应用：常用作绿篱，或多片植、丛植于公园、绿地、河岸、路边作景观配置。

10. 箬竹 *Indocalamus tessellatus*（Munro）Keng f.

识别要点：竿高可达 2 m，最大直径 7.5 mm。节间长约 25 cm，最长者可达 32 cm，圆筒形，一般为绿色，**竿下部者较窄，竿上部者稍宽**。箨鞘长于节间。箨耳无。箨舌厚膜质，截形，高 1 ~ 2 mm。小枝 2 ~ 4 叶。叶鞘紧密抱竿，**无叶耳**。叶舌高 1 ~ 4 mm，截形。叶片在成长植株上稍下弯，宽披针形或长圆状披针形、截形，先端长尖，基部楔形，下表面灰绿色，密被贴伏的短柔毛或

无毛，叶缘生有细锯齿。圆锥花序，花序主轴和分枝均密被棕色短柔毛。笋期 4 ~ 5 月，花期 6 ~ 7 月。

生态习性：分布于华东、华中地区及陕南汉江流域。信阳有分布。阳性竹类，性喜温暖湿润气候，宜生长于疏松、排水良好的酸性土壤上，耐寒性较差，所以要求深厚肥沃、疏松透气、微酸至中性土壤。

景观应用：常用作绿篱，或多片植、丛植于公园、绿地、河岸、路边作景观配置。

11. 箬叶竹 *Indocalamus longiauritus* Hand. -Mazz.

识别要点：竿直立,高 0.84 ~ 1 m。节间暗绿色有白毛,节下方有一圈淡棕带红色并**贴竿而生的毛环**。竿节较平坦。竿环较箨环略高。箨鞘厚革质,绿色带紫,背部**被褐色伏贴的疣基刺毛**。箨耳大,镰形,绿色带紫。箨舌截形,边缘有流苏状缝毛或无缝毛。箨片长三角形至卵状披针形,直立,绿色带紫,先端渐尖,基部收缩,近圆形。叶鞘坚硬,无毛或幼时背部贴生棕色小刺毛,外缘  生纤毛。叶耳镰形,边缘有棕色放射状伸展的缝毛。叶舌截形,背部有微毛,边缘生粗硬缝毛。叶片大型,先端长尖,基部楔形,下表面无毛或有微毛,叶缘粗糙。圆锥花序形细长。颖果长椭圆形。花期 5 ~ 7 月,笋期 4 ~ 5 月。

生态习性：分布于河南、陕西、安徽、广东、广西等地。信阳有栽培。较耐寒,喜湿、耐旱,对土壤要求不严,耐半阴。

景观应用：常用作绿篱和地被绿化,或丛植、片植于林缘、水滨、山石间。

12. 乌哺鸡竹 *Phyllostachys vivax* McClure.

识别要点：地下茎为单轴散生,竿高 5 ~ 15 m,直径 4 ~ 8 cm,稍部下垂,微呈拱形。幼竿被白粉,无毛,老竿**灰绿色至淡黄绿色,有显著的纵肋**。节间长 25 ~ 35 cm,壁厚约 5 mm。竿环隆起,稍高于箨环,箨鞘背面淡黄绿色带紫至淡褐黄色,无毛。箨舌弧形隆起,淡棕色至棕色。**箨片带状披针形,强烈皱曲**。有叶耳及鞘口缝毛。叶舌发达,高达 3 mm。叶片微下垂,较大,带状披针  形或披针形。花枝成穗状。叶耳小,具放射状缝毛,长达 2.5 cm。笋期 4 月中下旬,花期 4 ~ 5 月。

生态习性：分布于江苏、浙江等地。信阳有栽培。适生于土壤深厚疏松地,抗寒性较强。

景观应用：常用于庭院、公园、河岸等绿化。

13. 京竹 *Phyllostachys aureosuleata* McClure cv. Pekinensis J. L. Lu.

识别要点：竿高可达9 m,粗4 cm。**在较细的竿之基部有2或3节常作"之"字形折曲**,全竿绿色,无黄色纵条纹。竿环中度隆起,高于箨环。箨耳边缘生缝毛。**箨舌宽,拱形或截形**,边缘生细短白色纤毛。叶耳微小或无,缝毛短。叶舌伸出。叶片长约12 cm,宽约1.4 cm,基部收缩成3~4 mm长的细柄。笋期4月中旬至5月上旬。

生态习性：分布于北京、江苏、浙江、河南等地。信阳有栽培。适生在温暖湿润、雨量适中的环境。

景观应用：观赏竹种,适合公园、庭院栽培观赏或作风景竹。

14. 翠竹 *Sasa pygmaea*（Miq.）E. -G. Camus.

识别要点：**竿高20~40 cm**,直径1~2 mm。竿箨及节间无毛,**节处密被毛**。叶密生、二行列排列。叶鞘有细毛。叶耳不发达,鞘口缝毛白色、平滑。叶片线状披针形,长4~7 cm,宽7~10 mm,纸状皮质,叶基近圆形。小穗成熟后呈紫红色、含小花。颖质厚,多少具毛,花丝细长,花药线状、黄色,花柱较短,柱头羽状。颖果较小,成熟后深褐色。

生态习性：原产日本。信阳有引种栽培。较耐寒,喜酸性、中性土壤,湿润环境。冬季避免冻根。

景观应用：优良地被类观赏植物或盆栽观赏。

15. 菲白竹 *Sasa fortunei* (Van Houtte) Fiori.

识别要点:竿高 20 ~ 40 cm,直径 1 ~ 2 mm,**竿不分枝或每节仅分 1 枝。**竿箨及节间无毛,节处密被毛。叶密生、二行列排列。叶鞘有细毛。叶耳不发达,**鞘口緣毛白色。**叶片线状披针形,面通常有**黄色或浅黄色乃至于近于白色的纵条纹,**叶基近圆形,先端略突渐尖或为渐尖,上表面疏生短毛,下表面常在一侧具细毛。

生态习性:原产日本。信阳有引种栽培。喜温暖湿润、阳光充足的环境,耐寒性较强,有较好的耐阴性,但不耐烈日强光,不耐高温炎热。怕干旱,畏积水,忌盐碱。

景观应用:在园林中应用愈来愈多,宜用于地被绿化、色块或林下栽植,亦可盆栽观赏。

16. 佛肚竹 *Bambusa ventricosa* McClure.

识别要点:竿高 8 ~ 10 m,直径3 ~ 5 cm。竿有两种形态,一种是**节间膨大的瓶状竿,**高 0.5 ~ 1 m,较细,直径仅 1 ~ 2 cm。另一种是正常竿,节间不肿大,高达 10 m,直径3 ~ 5 cm。箨耳不相等,边缘具弯曲缘毛,大耳狭卵形至卵状披针形。**箨舌边缘被极短的细流苏状毛。**箨片直立或外展,易脱落,卵形至卵状披针形。叶鞘无毛。叶耳卵形或镰刀形,边缘

具数条波曲缘毛。叶舌极矮,近截形,边缘被极短细纤毛。叶片线状披针形至披针形。花丝细长,花药黄色,先端钝。子房具柄,宽卵形。花柱极短,被毛,柱头羽毛状。颖果未见。

生态习性:分布于华南地区。信阳有栽培。喜湿暖湿润气侯,抗寒力较低,能耐轻霜及极端 0 ℃左右低温,冬季气温应保持在 10 ℃以上,低于 4 ℃往往受冻。

景观应用:观赏竹类,植株低矮秀雅,节间膨大,状如佛肚,常植于庭院、公园、绿地等,亦可作盆景材料。

七十六、棕榈科

1. 棕榈 *Trachycarpus fortunei*（Hook.）H. Wendl.

识别要点：乔木状，高 3~10 m 或更高，树干圆柱形，**雌雄异株**。干高而直，外被棕皮，**不分枝。叶大，叶片近圆形，叶柄两侧具细圆齿，集生于干顶**。花无梗，球形，着生于短瘤突上，萼片阔卵形，3 裂，基部合生，花瓣卵状近圆形，长于萼片 1/3，退化雄蕊 6 枚，心皮被银色毛。核果实阔肾形，有脐，成熟时由黄色变为淡蓝色，**有白粉**。花期 4 月，果期 12 月。

生态习性：分布于秦岭以南地区。信阳有栽培。喜温暖湿润的气候，极耐寒，较耐阴，成品极耐旱，惟不能抵受太大的日夜温差，易风倒，生长慢。

景观应用：常植于庭院，或列植、丛植或片植于公园、绿地、草坪等作景观配置。

七十七、百合科

1. 凤尾丝兰 *Yucca gloriosa* Linn.

识别要点：常绿灌木，茎短，有时可高达 5 m，只分枝。叶浓绿，**表面有蜡质层，坚硬似剑。顶生狭圆锥花序**，花下垂，乳白色，花药长约 4 mm，箭头状，子房上位，二棱形，长约 1.5 cm，径 7 mm，3 心皮 3 室，每室具多数胚珠，柱头 3 裂，每个又 2 裂。果卵状长圆形，长 5 cm 左右，不开裂。花期 5 月和 9 月。

生态习性：原产北美东部、东南部。信阳有引种栽培。喜温暖湿润和阳光充足环境，性强健，耐瘠薄、耐寒、耐阴、耐旱也较耐湿，对土壤要求不严。

景观应用：良好的园林观赏灌木，可片植、丛植在花坛中心、草坪中、池畔、路旁和建筑物前。